청소년이 꼭 읽어야 할 아비투어 교양 시리즈 02

학교에서 끝내는 아인슈타인

| 빛 · 질량 · 에너지 · 상대성 이론 |

Einstein verstehen lernen
by Peter Lutz
Originally published in German by AOL Verlag, Lichtenau 2005, Germany
Copyright ⓒ AOL Verlag
All rights reserved

Korean Translation Copyright ⓒ 2007 Foxshe Publishing Co.
Korean edition is published by arrangement with AOL Verlag
through Corea Literary Agency, Seoul

청소년이 꼭 읽어야 할 아비투어 교양 시리즈 02
학교에서 끝내는 아인슈타인

페터 루츠 지음 | 권소영 옮김 | 초판 인쇄 2007년 10월 20일 | 초판 발행 2007년 10월 25일 | 펴낸이 손상열
| 펴낸곳 여우오줌 출판사 | 출판 등록 2001년 7월 31일(제10-2193호) | 주소 서울시 구로구 구로5동 107-8
미주오피스텔 2동 808호 | 전화 (02)323-7243 | 전송 (02)323-7244 | 전자 우편 foxshe@hanmail.net |
ISBN 978-89-90031-40-2(세트) 978-89-90031-43-3
ⓒ2007 페터 루츠

청소년이 꼭 읽어야 할 아비투어 교양 시리즈 02

학교에서 끝내는 아인슈타인

|빛 · 질량 · 에너지 · 상대성 이론|

페터 루츠 지음 | 권소영 옮김

여우오줌

| 차례 |

01. 어디가 왼쪽일까?

　10명의 보이 스카우트들이 바위 주변에 서 있습니다. 그들은 메시지가 적힌 쪽지 한 장을 바위 밑에서 발견했습니다. 그 쪽지에는 '500미터 왼쪽으로 가서 다시 100미터 오른쪽으로 가면 바로 야영지!' 라고 쓰여 있습니다. 그들은 사방을 둘러보고는 의아해합니다. '어디가 왼쪽일까?'

　오스트레일리아 원주민들의 언어에는 오른쪽과 왼쪽이라는 단어가 없다고 합니다. 그들은 어려서부터 다음과 같이 말하는 것을 배웁니다. "접시가 나를 기준으로 북쪽에 있으며 거기서 다시 동쪽에 컵이 있다. 우리 집은 서쪽에 입구가 있고 그곳으로부터 남동쪽에 우물이 있다." 이 원주민들은 전서구(傳書鳩, 편지를 전

하는 비둘기)보다 방향 감각이 뛰어나며 황무지나 낯선 도시에서도 길을 잃는 법이 없습니다.

오른쪽과 왼쪽이라는 것은 바로 지금 내가 서 있는 위치가 기준입니다. 몸을 돌리게 되면 오른쪽과 왼쪽이 바뀝니다. 북쪽과 남쪽은 현재의 내 위치와 상관없습니다. 이때 중요한 것은 고정된 하나의 좌표계(座標系)입니다. 그러나 그것도 지구에서만 그렇습니다. 우주를 비행하는 우주선 안에서는 북쪽과 남쪽이라는 것도 아무런 의미가 없습니다. 위, 아래라는 것도 그렇습니다. 우주선의 기장이 "은하계의 위쪽에서 비행합시다"라고 말한다면…… 과연 '은하계의 위쪽'은 어디인지 먼저 물어보아야 할 것입니다.

이미 2000년 전 그리스의 학자들이 지구가 하나의 구(球)라는 사실을 밝혀냈습니다. 하지만 당시 아무도 그들을 믿지 않았습니다. 그리고 근대 초기에 지구가 평평한 판이 아니라는 사실이 다시 밝혀졌습니다. 심지어 코페르니쿠스는 지구가 우주의 중심이 아니라는 생각까지 했는데 감히 공개적으로 말할 수는 없었습니다. 그는 죽을 때까지 기다렸습니다. 다른 견해를 가진 사람들이 그를 죽일 수 없다는 확신이 들 때까지 말입니다.

사람들은 새로운 학설을 조롱했습니다. "지구가 둥글다면 다른 한쪽에 있는 사람들은 틀림없이 아래로 떨어지고 말 거야!" 사람들이 말하는 '아래쪽'이 곧 지구의 중심이고 나머지는 모두

'위쪽' 이라는 것을 이해시키기란 매우 어려운 일이었습니다. 오스트레일리아의 원주민들에게 '아래' 라는 것은 우리가 말하는 '위' 와 똑같습니다. 어디가 '위' 고 어디가 '아래' 인가는 우리가 지금 지구 어디에 있는가에 달려 있습니다. 또한 그것을 다음과 같이 다르게 표현할 수 있습니다. 절대적인 '위' 와 '아래' 라는 것은 없으며 그것은 '오른쪽' 과 '왼쪽' 처럼 상대적인 개념일 뿐입니다.

'절대적' (라틴어로는 '풀려난, 벗어난' 이라는 의미)이라는 말은 무조건, 어디서나 언제나 유효하다는 뜻입니다. '절대적' 의 반대는 '상대적' 입니다. 그것은 조건적이고 무엇이 무엇에 종속적으로 연관되어 있다는 것을 의미합니다. 가령 온도에는 '절대 0도' 라는 것이 있는데 그것은 섭씨 영하 273도입니다.

열 에너지는 원자나 혹은 분자들의 운동이라는 것을 여러분은 알고 있을 겁니다. 그들이 더 이상 움직이지 않게 되는 상태가 '절대 0도' 입니다. 만약 '절대 0도' 의 상황이 실제로 발생한다면 전 세계가 그보다 더 추워질 수는 없습니다. 왜냐하면 입자의 정지 상태보다 더한 상태는 없기 때문입니다. 개개 관측자들의 입장에 따라 진술들은 상대적으로 나타납니다. 예를 들면 "오늘은 어제보다 더 따뜻하다"와 같은 것이지요. '절대적' 이라는 것은 '어떤 조건이나 관측자에 종속되어 있지 않은 것' 이라고도 말할 수 있습니다.

이 두 개념을 이해하는 것은 그 이상의 것들을 이해하기 위해 꼭 필요한 일입니다.

알베르트 아인슈타인은 우리가 지금까지 '절대적'이라고 여겼던 많은 것들이 실제로는 '상대적'이라는 것을 보여주었을 뿐입니다. 그래서 사람들은 아인슈타인의 이론을 '상대성 이론'이라고 말합니다. 그것은 원래 두 개의 이론입니다. 여기에 대해서는 잠시 후에 설명할 것입니다.

아인슈타인은 어떤 사람일까?

알베르트 아인슈타인은 20세기의 가장 유명한 학자입니다. 그는 도나우 강이 흐르는 울름에서 1879년 3월 14일에 태어나 뮌헨에서 젊은 시절을 보냈습니다. 그는 오랫동안 자신의 재능을 인정받지 못했습니다. 그는 학교와 잘 맞지 않아서 15살에 학교를 그만두었습니다. 그후에 스위스에 있는 아라우에서 겨우 고등학교를 마쳤습니다. 취리히에서 물리학을 전공했는데 그곳에서도 교수들과 사이가 좋지 않았습니다. 그래서 베른에 있는 스위스 특허국의 하급 관리 자리를 얻게 된 것을 그는 무척 기뻐했습니다. 특허 검사관 일은 그가 사랑하는 물리학에 충분히 몰두할 수 있는 시간을 주었습니다.

1905년에 본격적으로 연구가 시작되었습니다. 그는 세 개의 논문을 발표했는데 그 중의 하나가 '특수 상대성 이론'이었습니다. 다른 두 개의 논문은 빛의 성질과 물질에 대한 것이었습니다. 그의 이론은 너무나 새롭고 혁신적이어서 처음에는 몇몇 전공자들에게만 인정을 받았습니다. 1909년 취리히에서, 곧 이어 프라하에서 그리고 1913년 베를린에서 교수로 지내게 될 때까지 4년 동안 아인슈타인은 특허국 일을 계속했습니다. 이후 다른 물리학자들의 많은 실험들이 그의 이론들을 증명했으며 그는 세계적으로 유명해졌습니다. 그리고 1922년 노벨 물리학상을 받았습니다.

아인슈타인은 유태인이었으며 전쟁, 폭력, 독재에 저항하는 등 정치적인 활동도 했습니다. 그가 1932년 미국을 방문했을 때 사람들은 환호했습니다. 그 사이에 독일에서는 히틀러가 정권을 차지했으며 아인슈타인이 독일로 돌아가지 않은 것은 잘한 일이 되었습니다. 나치는 그의 이론들을 '유태인적인 물리학'이라며 금지했습니다. 아인슈타인은 자신의 이상에 충실했을 뿐이지만, 그의 물리학 이론은 결국 원자 폭탄 제조를 가능케 했습니다. 2차 세계 대전 이후 그는 이스라엘의 대통령을 제안받았으나 거절했습니다. 그는 1955년 미국 프린스턴에서 생을 마감했습니다.

무엇이 절대적인가?

만약에 누군가 뮌헨에서 함부르크에 이르는 거리가 775킬로미터라고 주장한다면, 그것은 고속도로 상의 거리라는 설명을 덧

붙여야 합니다. 아마 국도로는 몇 킬로미터 더 짧을 것이고 기차로는 좀더 길 것이고 비행기로는 좀더 짧은 거리일 것입니다. 두 지점 간의 직선 거리는 740킬로미터 정도일 것입니다.

그런데 아인슈타인은 그것이 절대적인 거리가 아니라고 말합니다. 그에 따르면 아주 빨리 움직이고 있는 관측자에게는 뮌헨에서 함부르크까지의 거리가 아마도 10킬로미터에 불과할 것이라는 것입니다. 또는 그보다 더 짧은 거리일 수도 있습니다. 심지어 지구를 지나가는 빛의 속도로 움직일 경우 측정 거리는 0킬로미터일 것입니다. 그것은 그가 착각하거나 잘못 측정한 것이 아니라, 과학적으로 아주 정확한 수치입니다. 아인슈타인은 두 도시 간의 절대적인 거리라는 것은 없다는 것을, 그것은 상대적이라는 것을 주장합니다. 그리고 그것은 증명되었습니다. 도대체 그런 일이 어떻게 가능했을까요?

비행기 한 대가 함부르크에서 뮌헨 사이를 비행하는 데 약 한 시간쯤 필요합니다. 그러나 이 시간이라는 것도 절대적이지 않습니다. 관측자가 상대적으로 어떻게 움직이는가에 따라 비행기는 그 거리를 10분 안에 또는 0초 안에 도달하게 될 것입니다. 아인슈타인에 따르면 시간은 상대적입니다. 많은 실험들이 그의 주장이 옳았음을 입증하고 있습니다.

시간 관념이 철저한 두 사람 중 한 사람이 다른 한 사람에게 중부 유럽 시간으로 정확히 오후 5시에 전화할 것을 약속한다면,

보통의 경우 아무런 문제가 없습니다. 그러나 다른 곳에 사는 어떤 관측자는 이제 겨우 오후 4시 50분이라는 것을 상대방에게 말해야만 할 것입니다. 동시성이라는 것도 절대적이지 않고 상대적입니다. 우주 안에는 절대적인 동시성이라는 것이 존재하지 않습니다.

지구가 태양 주변을 돌고 있으며, 하나의 둥근 궤도(실제로 그것은 원이 아니라 타원입니다. 즉 약간 일그러진 원입니다)를 일주하고 있다는 것을 사람들이 믿게 되기까지는 정말 오랜 시간이 걸렸습니다. 그러나 아인슈타인은 그것을 부인합니다. 지구는 항상 직선으로 돌고 있다는 것입니다. 원으로 혹은 타원으로 나타나는 것은 공간이 휘어져 있기 때문입니다. 상상이 가나요? 상상하기 어려운 일이지만 사실입니다.

셀 수 없는 실험들이 아인슈타인이 옳다는 것을 보여주고 있습니다. 그러나 우리 인간들의 정상적인 이성은 코페르니쿠스 시절처럼 그것을 쉽게 받아들일 수가 없습니다. 그것은 정말 어려운 문제임에 틀림없습니다. 정말 이해하기 쉽지 않은 일입니다.

그렇지만 지구상의 만 명의 사람들 중 고작 한 명이(아주 긍정적으로 보았을 때) 상대성 이론을 이해하고 있으며 당신이 바로 그 안에 속할 수 있다고 생각한다면, 훨씬 수월하지 않을까요?

02. 수학은 왜 필요한 걸까?

이것은 사람들이 가장 궁금해하는 질문인 것 같습니다. 그래서 우선 그 질문에 답해보고 싶습니다.

제 책꽂이에 보통 사람들을 위해서 상대성 원리를 설명해놓은 책들이 대략 20권 정도 있습니다. 그러나 거의 모든 책에서 삼분의 일쯤 넘어가면 전문가들이나 이해할 수 있는 수학 공식과 도표들이 나옵니다. 많은 물리학자들은 수학이 아니고서는 그 이론을 설명할 수 없다고 완강하게 주장할 것입니다. 맞는 말이긴 합

$$A_5 = a^2 \left(\frac{\pi}{3} - \frac{\sqrt{3}}{4} \right) + \frac{\pi \cdot a^2}{2}$$

$$= a^2 \left(\frac{\pi}{3} + \frac{\pi}{2} - \frac{\sqrt{3}}{4} \right)$$

니다. 일상 용어로는 설명할 수가 없지요. 그렇지만 한번 시도해 볼까요?

지구가 태양 주변을, 달이 지구 주변을 돌고 있다는 것을 이해하기 위해서 혹성과 위성의 움직임을 계산하는 공식을 알 필요는 없습니다. 그렇지 않다고 주장하는 천문수학자들이 있기는 하지만, 뭔가를 계산할 수 있다는 것이 그것을 완전하게 이해한 것이라고 말할 수는 없습니다. 우리는 가능한 한 수학을 아주 조금만 다루도록 합니다. 아인슈타인도 그렇게 실력 없는 수학자는 아니었지만 특별히 난해한 계산일 경우에는 다른 사람의 도움을 기꺼이 받아들였습니다. "나는 어린아이처럼 생각하고 질문한다"라고 그는 말했습니다.

저도 아인슈타인처럼 여러분과 함께 생각하고 질문하도록 하겠습니다.

03. 빛의 수수께끼

*"16살 때 나는 처음으로 '빛줄기를 타고 갈 수 있다면' 하고
상상했었다."* -알베르트 아인슈타인

19세기 말에는 많은 학자들이 물리학은 이제 가치가 없다고
생각했습니다. 모든 중요한 질문들은 이미 답이 주어졌고 연구할
만한 것들이 더 이상 없을 것이라고 믿었기 때문입니다. 그러나
그것은 완전히 착각이었습니다.

아인슈타인 이전에 많은 전문가들이 질량, 중력, 빛 등에 대해
힘들게 연구하지 않았더라면 알베르트 아인슈타인의 인식은 가
능하지 않았을 것입니다. 그러나 그의 생각은 너무나 새로운 것
이었습니다.

학자들은 오랫동안 빛이 무엇으로 구성되어 있는지에 대해 논

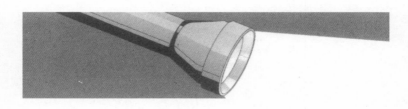

쟁해왔습니다. 그러다 1900년쯤에 다음과 같은 의견의 일치를 보았습니다. 빛은 전자파, 뢴트겐선, 열복사 등과 같은 전자기적 파동이라는 것입니다. 아인슈타인은 후에 노벨상을 받은 그의 논문에서 빛이 하나의 파동일 뿐만 아니라 사람들이 '광양자'라고 일컫는 아주 작은 에너지 입자로 구성되어 있다고 주장했습니다. 이로써 그는 처음으로 관례적인 논리를 반박했습니다.

만약 "빛은 하나의 파동일 뿐만 아니라 하나의 전류 입자"라고 말한다면, 그것은 "내 고양이는 사실 면도기다"라고 주장하는 것처럼 관례적인 사고에 명백히 반하는 것이었습니다. 후에 빛은 '규정할 수 없는 어떤 것'이라는 사실이 명백해졌습니다. 그것은 관측자에 따라 입자로 혹은 파동으로 측정될 수 있습니다. 물론 가정을 이렇게 할 수는 있지만 실제로 그것을 이해한다는 것은 어려운 일입니다. 왜냐하면 그것은—여기서 앞으로 다루게 될 많은 사실들처럼—새로운 사고를 요구하기 때문입니다. 그의 이론이 10년 후에 실험으로 증명되었을 때 아인슈타인 스스로도 놀라움을 금치 못했습니다.

아인슈타인 스스로도 그의 가설들을 실험으로 증명할 수 없었습니다. 왜냐하면 실험 비용이 많이 들기 때문이었습니다. 그래서 아인슈타인은 머릿속의 실험을 즐겨 했습니다. 그 중의 몇몇을 우리는 여기서 체험하게 될 것입니다.

처음에는 몇몇 학자들만이 아인슈타인의 생각을 이해할 수 있었습니다. 대부분의 학자들은 빛이 파동일 뿐만 아니라 입자라는 가설을 무시했습니다. 그의 다른 이론들도 마찬가지로 처음에는 좋은 반응을 얻지 못했습니다.

당신은 분명 '빛의 속도'에 대해서 들어보았을 것입니다. 그것은 빛의 빠르기입니다. 당신이 손전등을 켜서 벽면을 비추면 즉시 그 그림자를 보게 됩니다. 그러나 실제로 빛이 당신의 손전등에서 벽에 이르기까지, 그리고 다시 당신의 눈에 도달하기까지는 아주 약간이긴 하지만 '시간'이 걸립니다. 단지 그것이 너무나 빨라서 감지하지 못하는 것입니다.

한동안 '빛의 속도'야말로 아무도 풀 수 없었던 수수께끼였습니다. 그러나 시간이 지나면서 사람들은 이 속도를 정확히 측정해 진공 상태에서는 빛이 1초에 29만 9792킬로미터의 속도로 퍼

1849년 피조(Fizeau)라는 프랑스의 젊은 물리학자가 어려운 실험을 했습니다. 그는 720개의 톱니를 가진 톱니바퀴를 만들어 회전 속도가 조절되도록 조립했습니다. 그리고 톱니의 틈 사이로 광선이 지나가도록 했습니다. 즉, 바퀴가 회전할 때 빛줄기가 720개의 작은 틈으로 쪼개집니다. 빛줄기는 8633킬로미터 떨어진 곳으로부터 내려와 한 면에 닿아서 다시 반사됩니다. 그는 빛이 한 톱니 사이로 돌진해 들어갔다가 정확히 바로 다음 톱니 사이로 반사되어 나올 때까지 톱니바퀴를 점점 더 빨리 돌립니다. 바퀴가 720분의 1을 회전할 때 이동 거리는 1만 7266킬로미터에 이릅니다. 그는 바퀴의 회전 속도로부터 빛이 도달하는 데 걸리는 시간은 0.0005초라는 결과를 얻을 수 있었습니다. 그는 광속도를 초속 31만 5000킬로미터로 계산했습니다. 이후에 이 실험은 회전하는 거울을 이용해서 더 정교해졌습니다. 오늘날에는 광속도를 초당 1미터까지 정확히 측정할 수 있습니다.

이때 염두에 두어야 할 것은 이 측정치가 항상 진공 상태에서 유효하다는 것입니다. 공기 중에서 빛은 아주 잠깐 정지합니다. 물속에서는 더 오래 정지합니다. 물속에 막대기를 넣어보면 부러져 있는 것처럼 보입니다. 유리를 통과하는 빛도 속도가 느려집니다. 그로 인해 광학 기구들을 만들 수 있게 된 것입니다.

져나간다는 것을 확인했습니다. 이렇게 빛이 초속 30만 킬로미터로 움직인다고 합시다. 그러나 여기서 의문은 빛이 항상 같은 속도로 도착한다는 것입니다. 광원이 우리로부터 멀어지든 혹은 우리를 향해 다가오든 상관없이 말입니다. 항상 빛의 속도는 초속

30만 킬로미터입니다.

자동차 한 대가 우리를 향해 빛의 절반 속도로 질주하면서 전조등을 환하게 비추고 있다고 가정해봅시다. 수학적 법칙에 따르면 빛은 1.5배 더 빠르게 도달해야 하지만 빛이 우리에게 도달하는 속도는 늘 초속 30만 킬로미터입니다. 자동차가 같은 속도로 멀어져갈 때 미등에서 나오는 빛의 속도를 측정해보면 마찬가지로 초속 30만 킬로미터일 것입니다.

물론 학자들이 위의 가정에서처럼 자동차를 실험에 이용한 것은 아닙니다. 그들은 지구를 이용했습니다. 지구는 초속 30킬로미터의 속도로 태양 주변을 돕니다. 이때 지구는 그 궤도 위에서 한 번은 특정한 별들로부터 멀어졌다가 다시 가까이 다가오게 됩니다. 뭔가 맞지 않는 부분이 있다고 물리학자들은 생각했지만, 그것을 설명할 수가 없었습니다. 이유는 빛의 속도와 관련된 것이었고 아인슈타인에 이르러서야 설명이 가능하게 되었지요.

04. 세 가지의 주장과 그 결과

"나는 빛의 존재를 이해하는 데 내 삶의 전부를 보냈다."

-알베르트 아인슈타인

아인슈타인은 세 개의 간단한 전제로부터 출발했습니다.

1. 광속도는 항상 동일하다. 광원이 관측자를 향해 어떻게 상대적으로 움직이는가는 아무런 상관이 없다.

2. '그 자체'가 운동인 것은 존재하지 않는다. 그것은 항상 상대적일 뿐이다. 다시 말해서 움직이고 있거나 혹은 보기에 정지해 있는 것 같은 어떤 다른 어떤 것들과 관련되어 있다.

3. 광속도보다 빠른 속도는 불가능하다.

이것은 마치 교과서에 나오는 얘기처럼 재미없게 들립니다. 몇 개의 예를 들어보겠습니다.

광속도는 항상 같은 크기다

달리기 경주를 상상해보세요. 아이들이 100미터 달리기를 하기 위해 준비합니다. 체육 선생님은 스톱워치를 준비합니다. 준비— 땅!

선생님은 놀라서 자신의 시계를 쳐다봅니다. 모두가 10초도 안 돼 결승점에 도달하다니! 그는 기계가 고장났다고 생각하고 화를 내면서 바닥에 던져버립니다. 그리고는 새 시계를 가져와서 다시 시작해봅니다. 또 다시 모두가 10초 안에 완주합니다. 그는 다른 학생들을 데려옵니다. 그러나 그들 또한 모두 같은 빠르기로 달립니다. 결국 그는 운동장에서 돌아다니거나 서 있는 사람들의 움직임을 스톱워치로 잽니다. 또 다시 같은 결과가 나옵니다. 결국 그 선생님은 병가를 내고 정신과를 찾아갑니다.

광속도를 측정하는 물리학자들도 더 나을 것은 없었습니다. 그들은 더 나은 기계를 고안해내고 또 고안해낼 수 있었습니다. 그러나 백만분의 일의 오차가 있긴 했지만 광속도는 어디까지나 그대로였습니다.

아인슈타인은 지금까지 알려진 물리의 법칙들에서 예외일 수도 있다는 생각을 했습니다. 매우 빠른 속도의 경우에는 다른 법칙들이 적용될 수도 있다고 생각했습니다.

'그 자체'가 운동인 것은 존재하지 않는다. 그것은 항상 상대적이다

당신은 자전거를 타고 가면서 페달을 세게 밟고서 속도계를 봅니다. 그것은 자랑스럽게 시속 35킬로미터를 가리킵니다. 뒤에서 아인슈타인이 자전거를 타고 와서 당신을 추월합니다. 당신은 그에게 외칩니다. "나는 시속 35킬로미터로 달리고 있어요!" 그러자 아인슈타인은 고개를 저으며 대답합니다. "당신은 조금도 움직이고 있지 않아요. 당신은 그저 시속 35킬로미터로 버둥거릴 뿐이에요!" 여기서 아인슈타인도 당신도 맞는 말을 하고 있습니다. 쉽게 말하자면, 닭이 도로 위를 달리고 있는 건지, 도로가 닭 아래에서 움직이고 있는 건지는 관측자의 입장에 따라 다릅니다. 기차가 지나갈 때 그것을 잘 알 수 있습니다. 기차역에서 우리 옆에 있던 기차 한 대가 천천히 출발하면, 우리가 움직이고 있는 건지 다른 게 움직이고 있는 건지 처음에는 알 수가 없습니다. 그것은 물리학적으로 그렇게 중요하지 않습니다. 한 기차의 움직임은 또 다른 기차에게는 상대적입니다. 그리고 이 상대적인 움직임만을 측정할 수 있는 것입니다.

한 학생이 기차를 탔는데 우연히 알베르트 아인슈타인이 있는 칸에 앉았습니다. 그는 아인슈타인에게 다음과 같은 질문을 합니다. "실례합니다. 교수님, 베를린이 이 기차에 정차하는지 알려주실 수 있습니까?"

우주 전체에서 어떤 지점도 정지 상태에 있지 않다

다시 말해서 우리는 똑같이 움직이고 있는 다른 어떤 것과 항상 연관되어 있을 수 있습니다.

그 결과에 따르면 비교 대상이 없을 경우 누구도 자신의 속도를 알아낼 수 없습니다. 창문이 없는 초대형 우주선을 조정하고 있는 우주 비행사를 예로 들어봅시다. 우주선이 막 광속도에 도달하는 순간 조종사는 비행 방향에서 면도 거울을 바라봅니다. 논리적으로 그는 이 순간 거울을 볼 수 없습니다. 왜냐하면 이 거울은 초속 30만 킬로미터의 속도로 날고 있기 때문에 우주 비행사의 수염으로부터 나온 빛이 도달할 수 없기 때문입니다. 빛이 거기에 도달할 경우 거울은 이미 그 자리에 없을 것입니다.

자, 뭔가 우리들의 논리와 맞지 않는다고 아인슈타인은 말합니다. 이것이 바로 중요한 논점입니다. 상대성 이론은 그 자체로는

아인슈타인이 자전거를 타고 제자리에서 자기 아래에 있는 지구를 지나가보려고 하고 있다.

전혀 모순이 없습니다. 그러나 우리는 그것을 이해하기 위해서 지금과는 다르게 사고하는 것을 배워야만 합니다.

어떤 것도 빛보다 더 빠를 수는 없다

그것은 어떤 것도 빛보다 빨리 움직일 수 없다는 주장과 같습니다. 우선 그것은 아무런 위험성이 없는 주장인 듯 들립니다. 그것은 우리가 영원히 태양계의 포로로 머물게 되리라는 것을 의미합니다. 왜냐하면 그 다음 별에 이르기 위해 빛은 4년 반 동안 여행을 해야 하기 때문입니다. 우주선이 부드럽게 착륙하기 위해서 절반의 거리는 아주 빠른 속도로, 그 나머지의 절반은 정지해서 비행해야 합니다. 따라서 100만 광년 정도 떨어져 있는 은하계를 방문한다는 것은 불가능합니다. 마찬가지로 전 우주에는 같은 물리 법칙이 통용되기 때문에 외계인이 우리를 방문하러 온다는 것도 불가능합니다.

아무 것도 빛보다 빠를 수 없다면, 힘이 작용하지 않는 매우 제한적인 은하계 안에서만 절대적인 동시성이 존재합니다. 그것은 우주 안에서 예외이며 규칙이 아닙니다. 그것을 이해하기 위해서 우리는 상투적인 생각에서 벗어나야만 합니다.

아인슈타인은 다음과 같이 말합니다. "우리는 시간과 관련된 우리의 모든 판단들이 항상 동시적인 사건들에 대한 판단이라는 것을 참작해야만 한다. 가령 내가 '저 기차는 여기에 7시에 도착한다'라고 말할 경우 그것은 내 시계의 바늘이 7을 가리키는 것과 기차의 도착이 동시적으로 일어난다는 것이다." 오랫동안 두 사건이 나란히 일어날 경우 '동시성'이라는 것에 대해 얘기할 수 있습니다. 바로 그것이 문제입니다.

우리의 인생은 단지 아주 작은 속도, 거리와 관련되어 있을 뿐입니다. 아인슈타인은 큰 속도와 거리일 경우 무슨 일이 일어나는지를 보여줍니다. 우리의 일상은 이른바 상대성 이론에서는 하나의 특수 경우입니다.

한 관측자가 우리의 이웃 별인 켄타우루스 자리의 알파성에서 TV로 뉴스를 시청한다고 가정해봅시다. 그는 4년 반 전의 뉴스를 보게 됩니다. 라디오와 텔레비전 전파도 광속도로 퍼져나가기 때문입니다. 당신이 이 관측자와 편지 교환을 하려고 한다면 그것은 아주 가망 없는 일일 것입니다. 답장이 도착했을 때 당신은 아주 늙어 있거나 이미 죽었을 것입니다. 그러나 무선 전화를 이용한다면 당신들은 서로 얘기할 수 있습니다. 물론 질문과 대답 사이에 거의 9년이라는 시간 차이를 가지고서 말입니다. 상당히 지루한 얘기죠…….

둘 다에게 동시적으로 무슨 일이 일어나는지를 확인할 수 있는 방법이 있긴 합니다. 인공위성이 지구와 알파성 사이 정확히 가운데에서 그 파동이 두 혹성에 같은 순간 도달하는 신호를 보내야만 합니다. 그리고 중요한 것은 인공위성으로부터 둘의 거리가 항상 똑같이 유지되도록 둘 다 움직이지 않는 것입니다. 그러나 그런 일은 불가능합니다. 모든 것은 움직입니다.

지구는 태양 주변을 초속 30킬로미터의 속력으로 질주합니다. 태양은 은하의 가운데를 초속 250킬로미터의 속력으로 빠르게 움직입니다.

은하계는 서로서로 떨어져 있습니다. 가장 멀리 있는 것들은 광속의 절반 이상의 속력으로 우리들 곁에서 멀어지면서 움직입니다. 우리도 마찬가지로 그렇게 움직이고 있습니다.

물론 빈틈없는 아인슈타인은 두 체계가 서로 움직일 경우 무슨 일이 일어날지에 대해서도 생각했습니다. 그리고 그것은 우리들의 상상력에 엄청난 충격을 던져주었습니다.

05. 달리는 기차

    다음과 같은 머릿속 실험은 주로 아인슈타인 자신이 고안해낸 것입니다.

    한 남자가 철둑에 서서 요란한 소리를 내며 지나가는 기차 한 대를 봅니다. 벤야민이라는 관측자가 기차의 가운데를 눈앞에 두고 있는 순간에 열차의 앞머리와 뒷부분 끝에서 두 개의 번개가 '동시에' 내리칩니다.

    기차 한 가운데에 알베르트 E.라는 승객이 앉아 있습니다. 그는 상대성 이론을 아주 잘 알고 있고 정확한 측량 도구를 가지고 있습니다. 그에게는 다음과 같은 사실이 분명합니다. 기차 끝 부분보다 앞머리에 번개가 좀더 빨리 내리쳤다는 것입니다. 그것은 빛이 한 번은 더 빠르다거나 더 느리다거나 하는 것과 상관 있는 것이 아니라 뒷부분보다 앞쪽이 더 거리가 짧은 데서 기인합니다. 알베르트는 기차와 함께 앞쪽의 번개를 향해 움직입니다. 그곳의 빛이 좀더 빨리 도착했음에 틀림없습니다. 그가 볼 때 두 개의 번개는 동시에 친 것이 아닙니다.

    누가 옳은 걸까요, 벤야민 혹은 알베르트?

정답은 둘 다입니다. 그리고 한 제트기 조종사가 막 반대 방향에서 기차 위를 날아가고 있다면 그는 뒤쪽의 번개를 먼저 보게 됩니다. 그 조종사에게 시간의 순서는 정반대인 것이죠. 그도 역시 맞습니다.

관측자 벤야민은 정지 상태에 있었기 때문에 알베르트가 옳다고 말할 수 없습니다. 그러나 기차에서 보면 벤야민은 아주 빠른 속도로 지나가고 있습니다. 때문에 지구와 기차가 모두 움직인

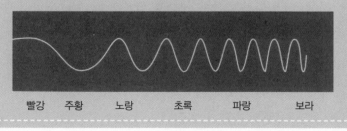

빛은 하나의 전자기적 파동입니다. 다양한 색들은 여러 가지 파장들입니다. 보라색 빛은 붉은색 빛보다 더 빨리 마루와 고랑이 차례차례 생겨납니다. 반짝이는 별이 우리로부터 멀어져갈 경우에도 그 빛의 속도는 항상 같습니다. 그러나 개개의 파동간의 거리가 더 길어집니다. 그래서 가령 파란색 빛이 빨갛게 나타나게 됩니다. 이른바 (별의 분광선의) 이 붉은색으로의 편이에서 멀리 떨어져 있는 은하들은 우리들로부터 믿을 수 없는 속도로 멀어져 가고 있다고 단언할 수 있습니다. 이 폭발적인 분산적 움직임은 우주가 어떤 대폭발로부터 생겨났다는 사실을, 그리고 약 180억 년 전 이후로 계속해서 확대되어 가고 있다는 것을 보여줍니다.

빨강   주황   노랑   초록   파랑   보라

것이라고 물리학적으로 당당하게 주장할 수 있습니다.

모든 것이 혼란스럽다는 것을 인정합니다. 자, 한 번 더 아주 천천히 함께 생각해봅시다.

벤야민은 두 개의 번개가 동시에 기차의 양쪽 끝에 내리치는 것을 봅니다. 두 번개의 빛이 광속도로 퍼져서 알베르트가 앉아 있는 기차의 가운데 부분에 같은 순간에 도착합니다.

알베르트에게는 그것이 다르게 나타납니다. 그는 기차와 함께 앞쪽 번개 쪽으로 움직이게 되며 뒤쪽과는 멀어집니다. 즉 그의 경우 앞쪽에 빛이 좀더 빨리 도착합니다. 여기서 다루는 것은 아주 미소한 시간 차이이기는 하지만 측정할 수 있습니다. 이때 우리는 광속도가 항상 불변한다는 것을 잊어서는 안 됩니다. 다시 말하면 앞쪽의 빛이 뒤쪽보다 더 빠르다는 것은 아닙니다. 거리가 더 짧아서 단지 더 일찍 도착한 것일 뿐입니다. 여기서 알베르트는 또 하나의 어이없는 단언을 합니다. 앞쪽의 빛은 약간 푸르스름하고 뒤쪽은 붉다는 것이지요.

우리는 음향의 이와 같은 현상을 알고 있습니다. "삐뽀삐뽀"하는 소리는 소방차가 우리를 지나서 멀어질 때보다 막 출동해서 우리를 행해 다가올 때 더 크게 들립니다. 그것은 음파가 한 번은 더 빠르게 우리들에게 닿았다가 그 다음에는 더 천천히 도달하기 때문입니다. 빛의 경우도 똑같습니다. 우리는 붉은색을 저음과, 푸른색을 고음과 비유할 수 있습니다.

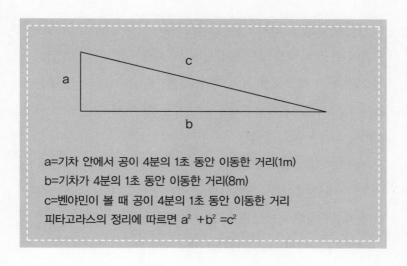

a=기차 안에서 공이 4분의 1초 동안 이동한 거리(1m)
b=기차가 4분의 1초 동안 이동한 거리(8m)
c=벤야민이 볼 때 공이 4분의 1초 동안 이동한 거리
피타고라스의 정리에 따르면 $a^2 + b^2 = c^2$

한 가지 예를 들어보겠습니다.

기차 안에 심심해하고 있는 한 아이가 있습니다. 화가 난 어머니가 하지 말라고 할 때까지 아이는 공을 바닥으로 던졌다가 핸드볼 선수처럼 퉁퉁 튀게 합니다. 아인슈타인이 외칩니다. "말리지 마세요, 그 아이가 하는 짓은 정말 물리학적인 걸요!" 그는 연필과 종이를 집어서 어머니에게 그림을 그려가면서 설명해줍니다.

"여기 공이 지나간 길을 보세요. 그 아이는 공을 1초에 두 번 던지는데 이때 공이 1미터 아래로 떨어졌다가 매번 같은 거리를 되돌아옵니다."

어머니는 어리석지 않아서 다음과 같이 말합니다. "그러면 초당 4미터군요!"

아인슈타인은 "맞아요!"라고 말합니다. "그런데 벤야민 씨가 바깥에 서서 우리를 보고 있습니다. 우리가 타고 있는 기차가 초속 32미터의 빠르기로 가고 있다고 전제할 경우, 그에게 공은 1초에 몇 미터를 움직일까요?" 어머니는 잠깐 생각해 보고 나서 종이에 삼각형을 그립니다.

"공이 바닥에 떨어지는 데는 4분의 1초가 걸립니다. 이때 공은 1미터 아래로 떨어져서 옆으로 8미터를 이동합니다. 그려보면 하나의 직삼각형이 나타납니다. 그렇군요!"

그 부인은 몹시 흥분합니다. "학교에서 배운 피타고라스의 정리를 기억하고 있어요. 여기 직삼각형이 있습니다. 공식은 a제곱 더하기 b제곱은 c제곱입니다. 즉 1의 제곱 더하기 8의 제곱은 65."

그녀는 가방을 뒤져서 계산기를 찾습니다. "루트 65는 8.06…입니다. 4분의 1초를 기준으로 했기 때문에 거기에 4를 곱해야만 합니다. 8.06 곱하기 4는 32.24입니다. 그것이 벤야민 씨가 1초 동안 측정한 공의 거리(미터)입니다!"

알베르트는 그녀를 존경 어린 눈으로 바라봅니다. '그녀를 내 조교로 고용해도 되겠군!'

"그런데 누가 맞는 거죠?" 그녀가 묻습니다. "어떤 거리가 공이 실제로 이동한 거리인가요?"

"그것에 대한 해답은 없습니다." 알베르트가 대답합니다. "모두 자신의 원칙 속에서는 옳습니다. 우리가 말한 4미터도 그리고 벤야민 씨의 32.24미터도 말입니다. 그것이 상대성이라는 것이지요."

"그것에 대해서는 우선 한번 생각해봐야겠어요." 부인은 나직이 말하고서는 눈을 감았습니다.

얘기를 나누는 사이에 기관사는 속력을 냅니다. 기차는 우리 머릿속에서 운행되고 있기 때문에 속도의 한계에 얽매이지 않습니다. 기차는 점점 더 빨라져, 초속 29만 7000킬로미터까지 가능하게 됩니다. 그것은 광속도의 99%에 해당하지요. 승객들은 기차가 일정한 속도로 운행되기 때문에 그것을 전혀 인식하지 못합니다. 아이는 그 사이에 새 장난감인 손전등을 발견해서 그것으로 기차 안 여기저기에 비춥니다.

"저것이 내게 새로운 생각을 떠올리게 하는군!" 알베르트가 너무나 크게 말해서 어머니는 졸다가 깜짝 놀랍니다. "광선도 공처럼 같은 현상을 일으키는군! 저 아이가 아래를 향해 수직으로 빛을 비출 경우, 바깥에 있는 관측자는 빛줄기를 비스듬히 보게 되겠군. 우리는 벤야민 씨와 비교했을 때 아주 빨리 움직이고 있기 때문이지!"

"분명해!" 부인이 소리치더니 다시 계산기를 집습니다.

"어쩌지. 이 큰 숫자들은 이 계산기로는 불가능해요"

"괜찮아요. 이미 머릿속에서 계산했어요. 벤야민 씨에게는 분명 빛이 일초에 42만 2000킬로미터 이상 이동하는 것처럼 보일 거예요"라고 알베르트는 대답합니다.

"그래요?" 그녀가 놀라서 묻습니다.

"그것은 불가능해요. 빛은 어떤 상황에서도 그리고 어떤 관측자에게도 초속 30만 킬로미터보다 빠를 수는 없잖아요!"

"너무 놀랍군요. 빛이 벤야민 씨에게는 더 빨리 움직인다니요……."

"그것이 전혀 불가능한 일이 아니지요!" 알베르트는 단호하게 말합니다.

"그러면 이 수수께끼를 어떻게 풀죠?"

알베르트는 복권에 당첨된 사람처럼 환하게 웃습니다. "그 답은 아주 간단해요. 벤야민 씨에게도 광속도는 초속 30만 킬로미터로 변함없기 때문에, 우리는 그와는 다른 어떤 **시간**과 **공간** 안에 있음에 틀림없습니다. 우리에게 1초는 그에게 있어 7초 이상이죠! 게다가 벤야민 씨에게 기차는 아주 짧거든요. 그리고 기차가 광속도에 도달할 경우, 벤야민 씨에게 우리들의 시간은 완전히 정지해 있는 상태입니다. 물론 우리는 그것을 알아채지 못하지만요."

부인은 어이없어하며 항변합니다. "그럴 리가! 그러면 우리가 여기서 얘기하고 있는 동안 벤야민 씨는 7시간 더 나이가 들어 있겠군요!"

알베르트는 미소를 짓습니다. "창밖을 한번 쳐다보세요!"

그 사이에 바깥이 밝아져 있습니다.

"사람들이 아주 천천히 움직이고 있어요. 자동차도 고속 촬영기로 찍은 것처럼 아주 천천히 움직여요!" 아이가 놀라서 외칩니다.

"그것은 그들이 우리와 상대적으로 움직이고 있기 때문이죠. 기차는 정지해 있고 지구는 광속의 99퍼센트의 속도로 돌진해 나가고 있다고 우리는 주장할 수 있습니다. 그리고 공간과 시간(시공간)이 분리되지 않고 연관되어 있기 때문에 시간이 변하면 똑같이 공간이 변합니다. 그래서 정지해 있는 7미터 길이의 화물차가 우리들 속도에서 보면 단지 1미터일 뿐입니다. 게다가 바깥에 있는 사람들도 우리가 타고 있는 기차가 일그러져 있는 모습을 보게 됩니다."

"그러면 우리 쪽에서 볼 때 그들에게도 시간이 더 천천히 흐르나요?"

"맞습니다. 우리 기차가 다시 정지하게 되면 우리는 벤야민 씨와 비교해서 더 늙었다거나 더 젊어졌다거나 하지 않을 것입니다."

"그런데 또 다른 이야기를 들은 적이 있습니다." 부인이 말했습니다. "쌍둥이 한 명이 광속도로 비행하는 우주선을 타고 낯선 별로 날아갔습니다. 그리고 그가 돌아왔을 때, 지구에 있었던 그

뮤온 실험

우주로부터 거의 빛의 빠르기를 가진 입자들이 끊임없이 지구로 날아옵니다. 그 중에는 대기 중에서 원자핵들과 충돌해서 원자핵들을 파괴하는 양자(陽子)들이 있습니다. 불꽃놀이에서처럼 지구로 돌진해 오는 새로운 입자들의 무리가 생성됩니다. 그것을 특수 기계로 증명해보일 수 있습니다. 이 입자들 중에는 그 수명이 아주 짧은 이른바 '뮤온'이라는 것도 있습니다. 15만분의 1초 후에 그것들 중의 절반이 붕괴됩니다. 이 순간에 그들은 450미터를 이동합니다. 그럼에도 불구하고 많은 뮤온들이 붕괴되지 않고 지구에 이르는 30킬로미터를 날아다닐 수 있습니다. 그 이유는 그들이 다른 시간을 가지고 있기 때문입니다. 그리고 15만분의 1초라는 것이 그들의 속력으로 인해 더 길기 때문입니다. 오늘날 사람들은 커다란 가속기로 그런 입자들과 또 다른 입자들의 속도를 광속도의 99.9997퍼센트까지 가능하게 할 수 있습니다. 가속기 안에 입자들의 경우 시간이 주변보다 약 400배 더 느리게 흘러갑니다. 만약에 4000년 전에 신생아를 입자 가속기에 넣어 여기저기 돌아다니도록 해두었더라면 지금 그 아이는 10살일 것입니다.

의 형제는 10년이나 더 나이가 들어 있었지만 그에게는 단지 몇 시간이 흘러갔을 뿐이라고 하더군요."

"예, 그것은 그 유명한 '쌍둥이 패러독스' 입니다. 몇몇 사람들만 그것을 이해합니다. 그 시간의 차이는, 지구의 쌍둥이는 언제나 같은 방식으로만 운동하고 다른 쌍둥이는 두 개의 상이한 방향으로 비행했기 때문에 생긴 것입니다. 즉 한 번은 멀어졌다가 한 번은 되돌아왔습니다. 그것을 당신에게 수학적으로 정확히 설명할 수 있습니다."

"고맙지만 괜찮습니다." 그녀는 중얼거리며 고개를 저었습니다. "지금 기차역에 도착했는걸요."

"자, 도착했습니다. 모두 내려주세요!" 차장이 다가오며 말했습니다.

기차에서 내려서 한 번 더 생각해봅시다.

(쌍둥이 이야기는 더 상세하게 다룰 거예요!)

1. 광속도는 항상 같은 빠르기다(불변한다).
2. 비교점이 없다면 아무도 자신이 움직이는지를 단정할 수 없다.

이 두 기본 원칙만으로도 누군가가 높은 속도로 여행할 경우 시간과 공간이 변한다는 결론에 이릅니다. 그리고 이로써 광원이 우리에게서 멀어져 가든, 우리를 향해 다가오든 상관없이 항상 같은 속도로 측정되는가 하는 수수께끼도 풀립니다. 운동 방향에 따라 **공간**은 변합니다. 광선 위를 여행 중인 한 관측자는 자신의 속도를 재는 도구들이 아주 짧아져 있는 것을, 그렇지만 늘 같은 수치를 측정하는 것을 보게 됩니다.

그것은 어려운 이야기여서 우리를 골치 아프게 합니다. 그러나 우리는 다음과 같은 사실을 확인해야만 합니다. 그것은 시각상의 속임수나 혹은 원자들이 압착되어 있다는 것과는 관련이 없습니다. 그것은 정말 변화하는 **공간**과 **시간**, 더 자세히 말하자면 **상대적**인 것과 관련된 문제입니다. 관측자는 **실제로** 광속도를 측정하는 학자들과 다른 공간과 시간 안에 있습니다. 게다가 아인슈타인에게 공간과 시간은 따로따로가 아닙니다. 그는 **시공간**이라는 개념에 대해서 말하고 있습니다.

우리는 아주 높은 속도와 관련된 어떤 경험도 없기 때문에 그 모든 것이 이상하게 보입니다. 그러나 원자시계나 아주 빠르게 움직이는 원자 입자로 정확히 측정해보면 아인슈타인이 옳다는 것을 알 수 있습니다.

06. 쌍둥이 패러독스

패러독스란?

역설적인 주장이란 그 자체가 모순적인 것을 말합니다. 누군가가 "나는 늘 거짓말을 해!"라고 말한다면 그것은 정말 모순점을 갖고 있습니다. 그가 항상 거짓말을 한다면, 그가 늘 거짓말을 한다는 그 진술도 거짓입니다. 즉 그는 때때로 거짓말을 하지 않습니다. 그러나 그가 진실을 말했을 경우에도, 그는 항상 거짓말을 하는 것이죠…….

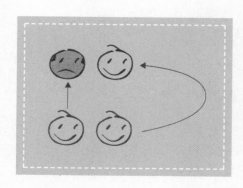

물리학에 있어서 패러독스라는 것은 물리의 법칙에 반하는 표면상의 모순과 같은 것입니다. 쌍둥이 패러독스와 같은 것도 그렇습니다.

상대성 이론에서 나온 이 예도 많은 사람들을 곤혹스럽게 했었습니다. 기차에 타고 있던 그 부인처럼 말입니다. 오늘날에도 여전히 논리적이지 못하다는 이유로 상대성 이론 전부를 부정하는 학자들이 있습니다. 그들은 이렇게 말합니다. "모든 움직임이 상대적이라면, 쌍둥이 중 한 명은 로켓 안에 정지해 있고 다른 한 명은 지구와 함께 운동했다고 유추할 수 있을 것입니다. 그렇다면 지구에서 다시 만났을 때 그는 로켓 안에 있던 다른 쌍둥이와 틀림없이 똑같은 나이일 것입니다!" 만약 두 쌍둥이의 움직임이 늘 같은 방식이라면, 다시 말해서 두 사람이 항상 같은 속도로 직선으로 움직인다면 이들이 옳을 수도 있습니다. 그러나 그것은 그렇지 않습니다. 왜냐하면 우주 비행사는 멀리 갔다가 다시 되돌아오기 때문입니다. 이를 설명하는 예가 있습니다. 정말 간단한 문제가 아니기 때문에 약간 복잡할 수도 있습니다. 자, 아주 천천히 같이 생각해봅시다!

쌍둥이 중 A는 지구에 머무르고, B는 여행을 떠납니다.

머릿속의 실험이니 기술적인 문제들은 고려할 필요가 없습니다.

B는 2000년 1월 1일에 출발해서 광속도의 80퍼센트(c)에 이르는 속도로 날아갔습니다. 그는 여행 내내 이 속도를 유지했습니다. 8광년(지구에서는 10년에 해당)이 지났을 때 그는 방향을 바꾸어서 같은 속도로 다시 되돌아왔습니다. 그는 정확히 20년 후, 즉 2020년 1월 1일에 지구에 착륙한 것입니다. B가 돌아왔을 때 B는 그의 쌍둥이 형제인 A보다 8살 더 젊습니다.

어떻게 그것이 가능할까?

광속도의 80퍼센트 c에서 단축되는 상대적인 시간은 0.6입니다. 그것은 물론 A와 B 둘에게 다 유효합니다. 왜냐하면 그 둘 다 서로 상대적으로 움직이고 있기 때문입니다. 단지 차이점이라면 A는 아무것도 하지 않았고 B는 지구로부터 8광년 떨어졌을 때 방향을 전환했다는 것입니다.

이제 A가 B의 시계를 볼 수 있고 B가 A의 시계를 볼 수 있다는 전제로부터 출발해봅시다. 이제 아주 어려워질 거예요. B의 시계는 비행하는 20년 동안 단지 20의 0.6, 즉 12년이 흐릅니다 (A가 보았을 때). A의 시계는 B가 보았을 때 그가 비행하는 12년 동안 단지 12의 0.6, 즉 7.2년이 흐릅니다. 그런데 방향을 바꾸어서 되돌아오는 데 12.8년이 추가되어서 20년이 소요됩니다.

더 이해하기 힘든 것은 다음과 같은 것입니다. 속력으로 인해 시간뿐만 아니라 공간과 거리도 변한다는 것이지요. B는 어디에서 방향을 바꾸었을까요? 만약 그가 실제로 10년(즉 지구까지 8광년 떨어져 있게 될 때)을 비행한다면, 지구에서 볼 때 그는 16.67년이 지나서야 방향을 바꾸게 될 것입니다. A의 기준에서 보면, B는 이미 6년 후인 4.8광년 떨어졌을 때 방향을 전환해야만 합니다. 즉 B는 6년(B-시간) 후에 방향을 바꾸고 그것을 A도 망원경을 통해서 보게 됩니다. 2018년에 B의 시계는 '2006년' 을 가리킵니다. 그러므로 A의 시점에서 볼 때 방향 전환은 2010년에 일어납니다.

다르게 말하면 A가 각각의 운동을 보고 있다고 할 때, B의 시계는 A 시계의 3분의 1속도(6년/18년)로 가다가 그후에 세 배 속도(6년/2년)로 갑니다. 운동이라는 것은 상대적이기 때문에 B도 같은 입장으로 볼 수 있습니다. 다시 말해서 방향 전환이 2006년일 경우 A 시계는 2002년(2년/6년)을 가리키고 되돌아왔을 때는 2020년(18년/6년)을 가리키게 됩니다.

이것은 여러 책에서 약 50가지의 방법으로 설명하고 있는데 그 중에서 제가 발견한 두 번째로 좋은 설명입니다. 이 설명을 이해한 사람이라면 물리학의 이론을 분명 공부할 수 있을 것입니다.

천재적인 수학자인, 헤르만 민코프스키(Hermann Minkowski)는 두 개의 도표를 통해 쌍둥이 패러독스의 문제를 훨씬 더 간단하게 설명해줍니다.

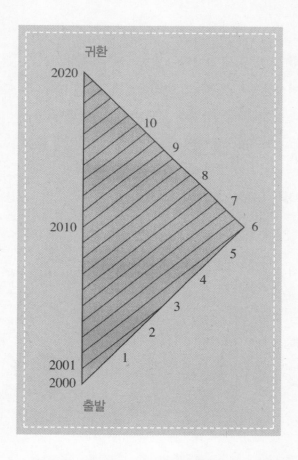

원쪽의 직선은 A의 시간(시공간이라고 하는 게 더 낫겠군요)
을 나타냅니다. 이것은 2000년 1월 1일을 시작으로 해서 2020년
1월 1일로 끝납니다. 꺾어지는 부분이 있는 오른쪽 선은 B의 시
공간입니다. A는 상냥하게도 B에게 매년 무선 전신으로 연하장
을 보냅니다. 우리는 전파가 빛과 똑같이 빠르다는 것을 알고 있

습니다. 2001년 1월 1일에 보낸 메시지가 B를 뒤쫓아 날아가서 그가 3년간 여행하고 났을 때 그에게 도달하게 됩니다. 2002년 1월 1일에 보낸 연하장은 6년 후에 B의 시공간에 도착합니다. 그 이후에는 B가 다시 지구와 가까워지기 때문에 앞으로의 메시지들은 물론 더 빨리 그에게 도달하게 됩니다. 그리고 마지막 메시지는 2020년 1월 1일, 그가 귀환했을 때와 같은 시각에 도착하게 됩니다. 이렇게 해서 B는 총 20개의 연하장을 받습니다.

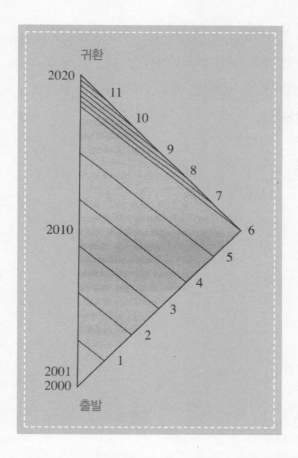

예의바른 사람으로서 물론 B도 그의 쌍둥이 형제인 A에게 항상 새해 인사를 보냅니다. 그가 보내는 첫 인사는 A에게 2003년에, 두 번째 인사는 2006년에 도착합니다. 여섯 번째 인사는 A에게 2018년에 도착합니다. 그 이후에는 B가 다시 되돌아오는 중이기 때문에 A는 더 짧은 시간 안에 연하장을 받게 됩니다. 그가 되돌아 왔을 때 연하장을 모두 세어본다면 과연 B는 몇 장의 연하장을 보낼 수 있었을까요? 정확히 12장입니다. 이것으로 B가 12번의 연말과 새해를 맞이했다는 것이 분명해집니다. 그러나 A는 20번을 맞이했지요…….

아인슈타인이 특수 상대성 이론을 발표했을 때, 민코프스키는 다음과 같은 질문을 받았습니다. "아인슈타인을 제외하고 두 사람만이 그의 이론을 이해했다는 것이 정말입니까?" 민코프스키는 잠시 생각을 하고 나서 다음과 같이 말했습니다. "또 다른 한 사람은 누구일까를 내내 생각하고 있습니다."

오랫동안 사람들은 지구가 하나의 판이라는 주장을 전적으로 믿었습니다. 그림에서 한 나그네가 판의 가장자리에 이르자 궁금해서 머리를 천공(天空) 사이로 집어넣고 있습니다.

공간과 시간이 절대적이고 변하지 않는다고 생각할 경우, 우리는 이와 마찬가지로 혼란스러울 것입니다.

07. 질량이 싫어요!

　　1킬로그램짜리 감자는 질량이 1킬로그램입니다. 감자가 움직이지 않고 그대로 있다면 누구에게도 영향을 미치지 않습니다. 그러나 10층에서 봉지 채로 떨어져서 누군가의 머리에 부딪힌다면 두개골절은 피할 수 없습니다. 분명 운동 중인 감자는 정지 상태에서보다 더 위험합니다. 운동중인 질량은 정지하고 있는 것보다 더 많은 에너지를 포함하고 있습니다.

　　아인슈타인 시대에는 물리학자들이 관성 질량, 중력 질량, 전자기 질량을 구분했습니다. 그리고 물론 에너지는 질량과 완전히 다른 것이었습니다. 그 차이점들이 바로 물리 시간을 어렵게 만든 원인입니다.

　　아인슈타인은 그것을 아주 간단하게 만들었습니다. 그는 한 종류의 질량만이 있다는 것과 그것이 에너지와 같다는 것으로부터 출발합니다. 세 개의 장으로 이루어진 논문으로 그는 세상을 발칵 뒤집어놓습니다.

　　그는 다음과 같은 전제들로부터 출발합니다.

1. 어떤 것도 빛보다 더 빠를 수는 없다.

2. 한 물체를 광속도에 도달하게 하기 위해서는 무한한 에너지가 필요하다.

3. 무한한 에너지란 없다.

만약 한 물체, 예를 들어 로켓에 점점 많은 에너지를 공급한다면, 그것은 점점 무거워질 것입니다. 다시 말해서 그것의 관성 질량이 증가합니다. 그러나 물체의 질량이 클수록 그것을 더 빨리 움직이게 하기 위해서 더 많은 에너지가 필요합니다. 트럭을 미는 것보다 자전거를 미는 게 더 쉽습니다. 그렇지만 광속도의 4분의 3의 속력으로 가고 있는 자전거는 정지해 있는 트럭보다 더 많은 질량을 가지고 있을 것입니다. 즉 그것을 더 빨리 움직이도록 하기 위해서 더 많은 에너지가 필요할 것입니다. 생각으로는 가능한 일이지만 실제로도 가능할까요?

만약에 자전거가 광속도에 이른다면 그것은 무한 질량(에너지)을 가진다고 할 수 있을 것입니다. 어떤 것도 그것을 멈추게 할 수 없으며 지구를 뚫고 돌진해 나갈 것입니다. 그러나 그것은 불가능한 일입니다. 왜냐하면 우주의 모든 에너지는 자전거를 그렇게 빨리 움직이게 할 만큼 충분하지 않거든요.

그런데 왜 빛은 그렇게 빠를 수 있을까요? 빛을 광속도로 가속시키기 위해서는 무한 에너지가 필요하지 않을까요? 그 답은 다음과 같습니다. 빛의 입자(광자)들은 '정질량'이라는 것이 없습니다. 다시 말해서 그들이 정지 상태에 있다면 그 무게도 똑같이 0일 것입니다. 그들은 이른바 생성되자마자 무한정 빠른 가속도를 갖추고 있었으며 가능한 최고의 속도로 존재할 수밖에 없었습니다.

질량은 상대적 속도가 시간 변동을 가져오는 이유를 알려줍니다. 한 우주 비행사가 우리들의 행성계로 점점 빨리 돌진해 올 경우 그의 질량과 우주선의 질량이 증가합니다. 그러나 이때 그의 운동이 상대적이기 때문에, 항상 그가 정지해 있고 태양이 그 주위를 움직이고 있다고 할 수 있습니다. 그래서 그의 입장에서 보면 태양의 질량도 증가합니다. 그렇지만 태양이 더 큰 질량을 갖게 될 경우 태양은 지구와 다른 행성들을 더 바짝 끌어당기게 됩니다. 즉 지구와 다른 행성들이 태양 안으로 빨려 들어가게 될 것이 분명합니다. 그렇지 않다면 그들은 그들의 궤도를 더 빨리 돌게 됩니다. 그리고 정확히 그것을 우주 비행사가 봅니다. 그가 볼 때 지구는 더 짧은 시간 안에 태양 주변을 회전합니다. 혹은 다르게 보면 비행사의 시간이 더 빨리 흐릅니다.

그가 태양계에서 멀어지면 그 효과는 정반대가 됩니다.

이제 아인슈타인의 천재적인 생각과 만나게 됩니다. 만약 에너지 공급을 통해서 물체의 질량을 크게 할 수 있다면 정지해 있는 물체도 질량을 가지고 있기 때문에 에너지를 포함하고 있어야만 합니다. 그 에너지가 얼마나 큰가를 아인슈타인은 아주 유명한 간단한 공식으로 나타냅니다.

$$E = mc^2$$

이 몇 개의 문자가 인류의 운명을 바꾸는 공식이 되었습니다. 그래서 가능한 한 수학은 조금 다루겠다고 약속했지만 한 번 정확히 살펴보고자 합니다.

E 는 에너지의 축약어입니다. 그것은 줄(Joule)이나 혹은 와트초(Ws)로 나타냅니다.

m 은 질량의 축약어이며 킬로그램으로 나타냅니다.

c 는 광속도를 표시하며 초속 몇 미터인가로 나타냅니다.

다시 감자를 예로 들어봅시다. 그것이 조리대 위에 정지해 있는 동안 얼마의 에너지를 포함하고 있는지 살펴봅시다. 에너지를 나타내는 단위는 J 내지는 Ws, 질량은 m(kg), 그리고 광속도는 c(m/s)입니다. 학교에서처럼 다음의 수치들을 대입해봅시다.

E=300000000m/s · 300000000m/s · 1kg

E=90000000000000000 J (이때 $1m^2 \cdot 1kg/s^2 = 1J$)

E=$9 \cdot 10^{16}$J

전력 소모량은 대개 킬로와트시로 나타내기 때문에 다음과 같이 다시 계산해봅시다.

$$E=9 \cdot 10^{16}J=9 \cdot 10^{16}Ws=9 \cdot 10^{16} \cdot 1/1000kW \cdot (1/3600h)$$
$$E=25000000000kWh$$

감자를 남김없이 에너지로 바꾼다면 대도시 하나에 1년간 공급할 수 있을 정도의 에너지가 될 것입니다. 그러나 유감스럽게도 (혹은 다행히도?) 우리의 기술 수준이 그 정도는 아닙니다.

1945년 8월 일본의 히로시마와 나가사키 상공 500미터 위에서 원자 폭탄이 터졌습니다. 순간적으로 2만 도의 열기가 거리와 광장을 휩쓸었습니다. 두 도시가 순식간에 파괴되었습니다. 히로시마에서만 20만 명 이상의 사람들이 죽었는데 그 중 많은 사람들은 이후에 발생한 방사선으로 죽었습니다. 그것은 매번 단 1그램의 물질이 에너지로 변하면서 생긴 결과였습니다. '최신' 수소 폭탄은 이 폭파력의 몇 배를 가지고 있습니다.

아인슈타인은 핵무기 개발에 직접적으로 협력하지는 않았습니다. 그러나 그의 공식이 그것을 처음으로 가능하게 했습니다. 아인슈타인 스스로도 처음에는 핵무기의 출현을 지지했지만 나중에는 유감스럽게 생각했습니다.

원자력 발전소에서도 물질들이 서서히 에너지로 변합니다. 거대한 실험실에서 학자들은 그 과정을 반대로 해서 에너지로부터 물질을 창출해낼 수 있습니다. 약간의 핵을 얻기 위해서는 대도시 하나가 필요로 하는 만큼의 전력이 필요합니다.

08. 한 특허청 공무원의 상상력

지금까지 설명되었던 모든 것은 아인슈타인이 1905년에 발표했던 '특수 상대성 이론'에서 비롯된 것입니다. 10년 후, 끝없는 연구 결과 '일반 상대성 이론'이 나왔습니다. 그것으로 인해 우리들의 사고는 더욱 혹독한 시련을 겪게 되었습니다.

우리와 끊임없이 관계하는 어떤 수수께끼와 같은 힘, 즉 **중력**에 대해서 학문상의 활발한 논쟁이 있었습니다.

중력은 지구상에서 우리를 고정시켜줍니다. 그렇지 않다면 지구의 회전으로 인해 우리는 우주 바깥으로 내동댕이쳐질 것입니다. 중력은 사물을 바닥으로 떨어지게 하며 비행기가 아래로 내려오도록 해줍니다. 태양의 중력은 지구의 궤도에서 지구를 지탱해주고 지구의 중력은 달을 지탱해줍니다. 달의 중력은 썰물과 밀물을 일으킵니다. 이 비밀스러운 힘으로 천체들이 생성되었습니다. 중력이 충분히 클 경우 내부가 뜨거워져 태양처럼 빛을 내기 시작합니다. 은하수, 즉 우리 은하도 중력으로 인해 생성되었습니다. 중력은 전 우주에 작용하며 모든 질량들로부터 다른 질량에 영향을 끼치는 어떤 힘입니다. 원자조차도 매우 미약하나마

중력을 가지고 있으며 그로 인해 다른 원자들을 끌어당깁니다.

그러면 중력은 어떻게 작용할까요?

많은 사람들은 중력이 시간적 지연 없이 작용한다고 보고 있으며 또 다른 많은 사람들은 중력의 작용이 빛처럼 퍼져나간다고 생각하고 있습니다. 아인슈타인은 어떤 것도, 즉 중력도 빛보다 더 빨리 퍼져나갈 수 없을 것이라고 생각했습니다. 그러나 아무리 골똘히 생각해봐도 증거가 없었습니다. 1907년 어느 가을날 그는 결정적인 생각을 떠올리게 되었습니다.

"나는 베른에 있는 특허청 의자에 앉아 있었다. 갑자기 어떤 생각이 떠올랐다. 저항 없이 자유 낙하 중인 사람이 있다면 그는 자신의 무게를 느끼지 못할 것이다. 나는 어이가 없었다. 이 간단한 머릿속 실험이 나에게 강한 인상을 주었다. 그것은 나를 중력에 관한 어떤 이론으로 이끌고 갔다."

여기서 한 공무원의 사색이 인류에게 얼마나 중요한 것이 되었나를 다시 한 번 보게 됩니다. 바로 이것이 아인슈타인다운 모습입니다. 새롭지도 특별히 독창적이지도 않는 단순한 생각, 그렇지만 그 속에 숨어 있는 의미는 천재만이 인식할 수 있는 것입니다.

그는 즉시 생각을 이어갑니다. 누군가가 닫힌 상자 안에, 예를 들어 엘리베이터 안에 들어가서 사과를 바닥에 떨어뜨린다면 두 개의 물리학적인 설명이 가능합니다. 즉 엘리베이터가 땅 위에 그냥 놓여 있고 사과가 떨어진다고 설명하거나, 엘리베이터가 우주 안에 있으며 지구의 중력과 일치하는 초속 약 10미터의 속력(정확히 9.81m/s)으로 일정하게 '위로' 움직인다고 말할 수 있습니다. 밖을 내다볼 수 없는 한 두 개의 설명 중 어떤 것이 맞는지를 확인할 수 없습니다.

첫 번째 경우 사과는 지구 중력으로부터 기인하는 중력 질량을 가집니다. 두 번째 경우 사과는 가속도에 저항하는 관성 질량을 갖습니다.

우리는 서 있거나, 앉아 있거나, 혹은 누워 있을 때 우리 몸의 중력 질량을 느낍니다.

관성 질량은 버스가 출발하거나 정지할 때 우리가 버스 안에서 손잡이를 꽉 붙잡고 있어야만 하는 이유입니다. 그렇게 하지 않으면 가속도가 우리를 뒤로 혹은 운행 방향으로 이동하게 합니다. 게다가 물리학자에게 모든 속도 변화는 단위 시간 내의 변속을 의미합니다. 즉 정지하거나 커브 길을 돌 때도 그렇습니다.

그런데 아인슈타인은 중력 질량과 관성 질량 사이에 차이가 없다고 말합니다. 여기서 그의 이론이 왜 그렇게 이해하기 어렵게 여겨지는가를 분명히 보여줍니다. 이론이 너무나 복잡하기 때문이 아니라 너무나 간단하기 때문입니다.

상자 안의 사내아이가 외부 세계와 어떤 접촉도 하지 않고 이전에 일어난 일들을 모른다면 다음을 확인하는 것은 불가능합니다.
-무중력 상태의 우주 안에 있는 걸까
-혹은 자유 낙하 상태일까
-아인슈타인은 두 경우 차이가 없다고 말합니다.

사내아이는 상자와 함께 땅 위에 서 있는 걸까요, 아니면 우주 안에서 초속 10미터의 속력으로 움직이고 있는 걸까요? 그 아이가 바깥을 볼 수 없다면 그것을 확인할 수가 없습니다. 아인슈타인에 따르면 중력과 가속도는 같은 것입니다.

엘리베이터 안에 있던 남자는 운이 나쁘게도 로프가 끊어져서 중력이 사라졌습니다. 그는 무중력 상태입니다. 오늘날 우주 비행사들은 낙하하는 비행기 안에서 무중력 상태를 훈련합니다. 문제는 그것에 익숙해지면 계속해서 낙하하고 있다는 느낌이 든다는 것입니다.

특허 신청을 기다리는 고객은 인내력을 가져야만 합니다. 아인슈타인의 머릿속에서는 계속 실험들이 진행되고 있거든요…….

무중력 상태는 처음에 불쾌한 기분을 느끼게 합니다. 계속해서 낙하하고 있다는 생각을 들게 하지요. 그것은 아래로 향해 가는 청룡열차를 탔을 때와 비슷한 기분입니다.

09. 아인슈타인의 상자

아인슈타인은 상자를 가지고 늘 멋진 생각들을 했습니다. 그는 상자가 여행을 떠나도록 해보았습니다. 이때 상자는 일정하게 가속도가 붙습니다. 바깥쪽에 매초마다 빛을 내보내는 시계 하나를 부착했습니다. 상자가 점점 빨리 우리에게서 멀어지자 불빛들이 더 긴 간격을 두고 지구에 도달했습니다. 여행을 시작할 때 불빛의 간격은 1초에 불과했습니다. 상자가 광속도의 90퍼센트에 이르렀을 때 두 불빛 사이의 간격은 2.3초입니다. 광속도의 99퍼센트에 이르면 그 간격이 7초 이상으로 늘어납니다. 빛의 속도에 이르게 되면 우리는 불빛을 더 이상 볼 수 없습니다. 다시 말해서 우리가 볼 때 그곳의 시간은 점점 느려지고 있습니다. 가속도가 시간을 변하게 한 것이죠!

왜 그럴까요? 자 한 걸음 한 걸음씩 가도록 합시다. **우리가 볼 때** 상자 안에서 초 시각은 점점 천천히 흐릅니다. 우리가 상자 안을 볼 수 있다면 다음과 같은 것들을 볼 수 있을 것입니다. 그 안에 타고 있는 승객은 더 천천히 움직이고, 피우고 있는 담배는 천천히 타고, 심장 박동과 호흡은 더 큰 간격을 두게 되며 시계는 더 천천히 갑니다. 그 모든 것은 담배, 심장, 호흡, 또는 시계에 무슨 일이 일어나서가 아니라, 시간이 변했기 때문입니다. 우리 쪽에서 보았을 때 그렇다는 것에 주의합시다. 즉 **상대적**이라는 것이지요.

우리가 상자에 1초 간격으로 불빛을 보낸다면 그 안에 승객도 같은 것을 인지할 것입니다. 불빛은 점점 큰 간격을 두고 도달하고 우리가 피우는 담배는 더 천천히 연소합니다. **그가 보았을 때** 그렇습니다. 즉 **상대적**이라는 것이지요.

얼마나 빨리 움직이는가 하는 것은 빛이 우리에게 도달하는 속도와는 전혀 상관이 없습니다. 그것은 항상 30만 km/s의 속도로 우리에게 도달합니다.

그런데 빛과 관련해서 어떤 일이 일어나기는 합니다. 빛의 개개 파동들은 제각기 움직입니다. 관측자가 볼 때 점점 붉은색으

서로 다른 속도에서 시간을 연장시키는 요소
(광속도는 300000km/s)

0.5km/s	(비행기)	1.000000000001
4.0km/s	(우주 탐사기)	1.00000001
150000km/s	광속도의 50%	1.155
270000km/s	광속도의 90%	2.294
297000km/s	광속도의 99%	7.092
299700km/s	광속도의 99.9%	22.222

로 나타납니다.

아인슈타인은 가속도가 시간을 늦춘다는 것을 확신합니다. 그러나 가속도와 중력이 동일하다는 그의 가정이 옳다면 **중력도 시간을 천천히 가게 해야만 합니다!**

다시 말해서 고지대에 살고 있는 누군가가 지구의 중력이 아주 조금 더 큰 저지대에 살고 있는 사람보다 천천히 늙어야 하고 비행을 많이 하면 수명을 연장시킬 수 있어야 합니다. 그런데 지구는 비교적 적은 중력을 가지고 있기 때문에 이러한 차이는 아주 미미합니다.

빛은 하나의 전자기파다

빛은 파동이라고 할 수도 있고 입자라고 할 수도 있습니다. 모두 30만 km/s의 속도로 퍼져나가는 많은 전자기파들이 있습니다. 예를 들면 전파, 뢴트겐선, 자외선 등과 같은 것들이 있지요. 빛은 맨눈으로도 볼 수 있는 전자기파의 일부입니다. 이 전자기파들은 모두 그 길이를 측정할 수 있습니다. 다시 말해서 파동의 마루에서 골을 지나 다음 마루까지 일정한 간격을 갖습니다. 상이한 파장들은 상이한 색들을 의미합니다. 광원이 멀어지면 파동이 '분산'되며 점점 '붉은색'으로 나타납니다. 이와 같은 빛의 붉은색 쪽으로의 편이를 통해서 아주 멀리 떨어진 은하들이 우리로부터 매우 빨리 사라져가고 있다는 것을 알 수 있습니다. 그것은 우주가 120억 년에서 최고 150억 년 전에 어떤 대폭발(빅뱅)로 인해 생겨났다는 추측에 대한 근거이기도 합니다.

10킬로미터 높이에 있는 시계는 10만 년이 흘러야 지표에 있는 시계보다 3과 2분의 1초 더 천천히 갈 것입니다. 태양과 같은 높이에 있다면 1과 2분의 1분 이상 더 느리게 갈 것입니다. 중성자 별 위로 1만 미터 높이에 있다면 시간 차이는 8000년 이상 될 것입니다. 오늘날 아주 정확히 가는 시계가 있어서 아인슈타인이 계산한 시간 차이를 실제로 측정할 수 있습니다.

아인슈타인의 실험은 아직 끝나지 않았습니다. 상자가 그를 놓아주지 않습니다. 그 안에 우주 비행사가 서 있고 손전등을 가지고 놀고 있다고 상상해봅시다. 그 네모 상자는 정지해 있습니다. 그리고 그는 전등으로 맞은편의 벽을 비춥니다. 이제 사물에 가속도가 붙고 그 남자는 놀랍니다. 전등 빛이 벽에 닿기 위해서는 약간의 시간이 필요하기 때문에 빛줄기가 약간 더 아래에 닿습니다. 상자가 그 사이에 움직였던 것입니다. 그것이 그렇게 특별할 건 없습니다. 그러나 상자 안에서 일어나는 일이 중력계 안에서 일어난 것과 다를 바가 없다는 아인슈타인의 가정이 옳다면 광선도 중력으로 인해 휘어져야만 합니다.

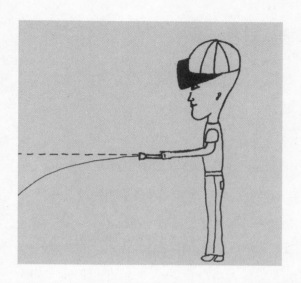

상자 안에 있는 사내아이가 위쪽으로 향하는 가속도를 경험할 경우 전등에서 나온 광선은 약간 아래쪽으로 향해야만 합니다(그림에서는 많이 과장해서 표시했습니다). 빛이 손전등을 떠나면 벽에 도달하기까지 약간의 시간이 필요합니다. 그 사이에 상자는 이미 약간 멀어지게 됩니다. 아인슈타인은 가속도와 중력이 같다고 보았기 때문에, 상자가 땅 위에 그대로 있었다고 해도 광선은 휘어져야만 합니다.

10. 아인슈타인의 절망

    이 지점에서 아인슈타인은 놀라움을 감출 수가 없었습니다. 광선이 구부러질 수 있다면 상대성 이론 전체의 근거를 흔들게 됩니다. 상대성 이론은 광속도가 항상 같다는 전제를 기초로 합니다.

    우리는 육상 경기에서 모든 선수들이 같은 거리를 달리게 하기 위해서 바깥 라인에 있는 선수가 더 짧은 안쪽 라인에 있는 선수보다 앞에서 출발하는 것을 알고 있습니다. 광선이 구부러진다면 바깥쪽의 빛이 안쪽의 빛보다 더 빨라야만 할 것입니다. 그러면 광속도는 더 이상 불변이 아닐 것이고 이 모든 이론들이 헛소리가 되고 말 것입니다. 아인슈타인도 잠을 못 이뤘을 겁니다.

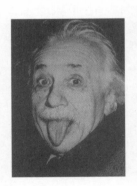

    그 사이에 아인슈타인은 교수가 되었고 자신보다 수학과 기하학에 대해 동료들에게 도움을 요청했었습니다. 그들의 후원으로 그는 해결 방안을 찾았습니다. 휘는 것은 빛이 아니라 공간이었습니다. 중력은 절대로 '힘'이 아니며 '공간의 휘어짐'입니다. 빛은 이 공간을 횡단하면서 가장 최소의 저항이 미치는 선을 찾아서 굴곡을 이루게 됩니다.

1915년 11월 아인슈타인은 베를린에서 이러한 내용을 골자로 하는 일반 상대성 이론을 발표했습니다. 아마 설명을 듣고 있던 학자들 몇몇은 아인슈타인을 치료하기 위해 의사를 부르고 싶었을 것입니다. 휘어진 공간들과 구부러지지 않은 광선들—그것은 너무 어려운 이야기였습니다. 단지 몇몇만 이해할 수 있었던 것입니다.

11. 결정적 발견

아인슈타인은 멋진 이론을 가지고 있었습니다. 어떤 수학적인 계산도 반론을 제기할 수 없었지요. 그 이론은 그 자체가 아무런 모순이 없습니다. 부족한 것은 실험을 통한 증명이었습니다.

아인슈타인은 태양 가까이를 지나가는 빛이 중력으로 인해 휘어진다는 것을 예측했습니다. 그것은 공간이 휘어져 있어서 생긴 결과이지요.

우리가 볼 때 거의 정확히 태양 뒤에 있는 별은 다른 장소에서도 보여야만 합니다. 그런데 사람들은 개기일식 때를 제외하고는 태양 가까이에 있는 별들을 볼 수가 없습니다. 1919년 영국의 과학자들이 브라질로 일식을 관찰하러 떠났었습니다. 원래 의도는 아인슈타인을 반박하기 위해서였지요.

그런데 관측 결과 별들의 위치는 아인슈타인이 미리 계산했던 것과 똑같이 바뀌었습니다.

그 소식은 폭발적 반응을 불러일으켰습니다. 아인슈타인은 세계적으로 유명해졌습니다. 언론은 그를 칭송하기 바빴고 팬들이 보내는 편지는 우체부가 감당하기 힘들 정도였습니다. 아인슈타인은 스타가 되었습니다. 세계적으로 유명한 과학자가 되었지요. 그가 배를 타고 미국 여행길에 올랐을 때 수만 명의 사람들이 부두에 서서 그에게 환호를 보냈습니다.

아인슈타인 스스로도 믿을 수 없던 일이 나중에 발견되었습니다. 1979년 두 개의 준성 전파원이 발견되었습니다. 그것은 아주 멀리 떨어져 있으며 빛이 매우 강한 광원입니다. 계산 결과로는 하나의 준성 전파원만이 존재할 뿐입니다. 두 개로 발견되는 이유는 그 별과 우리 사이에 놓여 있는 은하로 인해 빛이 휘어져 두 개의 상으로 나타나기 때문입니다.

더욱 놀라운 것은 매우 무거운 별이나 혹은 은하 뒤에 있는 광원의 빛입니다. 그 광원은 이른바 '아인슈타인 고리'라고 일컫는 하나의 고리로 나타납니다. 그 빛은 거대한 렌즈 속에서처럼 휘어진 공간을 지나 무거운 물체 주변을 떠돕니다.

학교에서 끝내는 아인슈타인

아인슈타인은 간단하고 철저한 비교를 좋아했습니다. 한번은 상대적이라는 것이 무엇인지를 설명해달라는 요청을 받았습니다. 그는 이렇게 말했습니다. "당신이 뜨거운 난로 위에 앉아 있다면 5분은 아주 긴 시간일 것입니다. 아름다운 숙녀의 무릎 위에 앉아보세요. 5분이 매우 짧죠?"

그는 무선 전신이 어떻게 작동하는가 하는 질문에는 다음과 같이 대답했습니다. "뉴욕에서 로스앤젤레스에 이르는 선을 이용할 경우, 뒤에서 꼬리를 꼬집으면 앞으로 와서 야옹거리는 고양이처럼 작동합니다. 무선 전신의 경우도 똑같습니다."

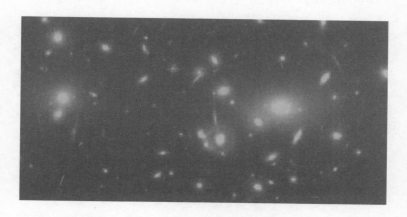

사진 오른쪽에서 둥근 윤곽으로 나타나는 광선의 일그러짐을 볼 수 있습니다. 아인슈타인조차도 그의 생존에 이러한 현상을 발견하게 되리라는 것을 믿지 않았습니다.

12. 휘어진 공간?

"나는 특별히 똑똑하지는 않다. 단지 다른 사람들보다 더 오래 고민할 뿐이다." -알베르트 아인슈타인

아무도 휘어진 공간을 상상할 수 없다고 사람들은 말합니다. 맞습니다. 어느 누구도 휘어진 공간을 상상할 수 없습니다. 누구도 공간이 도대체 무엇인지를 상상할 수 없습니다. 어떤 것도 그

안에 존재하는 게 없는 공간이란 불가능합니다. 한 점, 즉 어떤 확장도 없는 그런 사물을 다루어봅시다. 한 점이 뭔지 이미 알고 있는 사람이 있을까요? 아무도 질량이 뭔지 그리고 물체가 왜 질량을 가지고 있는지를 모릅니다. 시간이란 뭘까요? 우리는 아무것도 알지 못합니다. 누군

가 조롱하듯 이렇게 말했습니다. "설탕은 넣지 않으면 커피를 쓰게 만드는 무엇입니다. 그리고 시간은 모든 것이 한 번에 일어나는 것을 막는 무엇이지요." 어떤 사람도 원자나 또는 우리 몸과 전 지구가 대부분 무(無)로 이루어져 있다는 사실을 상상할 수 없습니다.

우리의 상상이란 수천 년 전에 프로그래밍된 것의 결과입니다. 그것은 그리스의 수학자 유클리드로 거슬러 갑니다. 그의 이름을 따서 유클리드 기하학이라고 하지요. 예를 들면 그 기하학에서는 삼각형의 총각이 180도라고 주장합니다. 그러나 그것은 단지 예외적인 경우에만, 즉 삼각형이 그려져 있는 평면이 이차원일 때 맞는 말입니다. 다시 말해서 그 평면은 길이와 너비를 가지고 있지만 높이가 없습니다. 그런 평면은 한 장의 종이 위에 존재합니다(엄밀하게 따지자면 아주 정확하게 납작한 종이라는 것은 없지만요). 우주 어디에도 그런 평면은 존재하지 않습니다.

런던-모스크바-로마를 삼각형으로 이어보면 총각은 180도보다 더 큽니다. 왜냐하면 지구가 구형이기 때문이죠. 정삼각형도 그것이 아주 작을 경우에만 길이 곱하기 너비가 면적이 됩니다. 길이가 1000km이고 너비가 2000km일 경우에는 그 공식이 더 이상 맞지 않습니다. 지구-목성-태양을 삼각형으로 이어보면 유클리드 기하학이 수없이 많은 가능성들 중에 하나의 특수한 경우를 설명하고 있다는 것을 금방 알아차리게 됩니다. 유클리드 기하학은 직선이 있다는 전제하에서만 맞습니다. 이전에 사람들은 광선을 제외하고는 자연 속에 직선은 없다고 늘 말했었습니다. 그러나 아인슈타인 이후로는 광선도 더 이상 직선이 아닙니다. 이제 우리는 유클리드 기하학적인 사고와 작별해야만 합니다. 아인슈타인은 그러한 생각을 완전히 버렸습니다. 그의 인식이 상식이 되기까지 500년은 족히 걸릴 것입니다.

13. 아인슈타인의 우주

　지구상에서 그리고 일상 속에서 우리는 상대성 이론 없이도 잘 지내고 있습니다. 물리학자와 수학자들이 수 세기 동안 연구해온 법칙들은 우리와 관련된 많은 현상들을 잘 설명해줍니다. 그러나 지구 바깥에서 일어나고 있는 일은 아인슈타인의 인식들을 모르

　가장 작고 가벼운 원자는 수소 원자입니다. 그것은 하나의 양전기를 띠는 양성자와 음전기를 띠는 전자로 구성되어 있습니다. 양성자는 전자보다 약 1800배 더 무겁습니다. 그러나 대부분 원자는 비어 있습니다. 더 정확하게 표현하자면 원자는 하나의 전기장입니다. 양성자가 테니스 공처럼 크다면 옛날 모형대로 3킬로미터의 간격을 두고 회전할 것입니다. 오늘날에는 전자가 미니 행성처럼 하나의 정해진 궤도 위에서 움직이고 있는 것이 아니라, 머무는 각각의 장소가 '흐려진다는 것'을 알게 되었습니다. 다시 말해서 수학적인 확률로만 확인할 수 있을 뿐입니다. 두 번째로 가벼운 원자는 헬륨입니다. 두 개의 양성자와 전하가 없는 두 개의 중성자가 헬륨의 핵을 이룹니다. 껍질 부분은 두 개의 전자로 이루어져 있습니다. 태양 안에서 약 1500만 도가 되면 각각 네 개의 수소 원자가 녹아서 하나의 헬륨 원자와 융합하게 됩니다. 이때 그 질량의 일부가 에너지가 됩니다.

면 알 수 없습니다. 그 지식들은 태양이 왜 그렇게 어마어마한 에너지를 가지고 빛을 발하는지 그리고 그것으로 인해 지구상에서의 삶이라는 것이 왜 가능한지를 설명해줍니다. 태양 내부에서 매초마다 500만 톤의 물질들이 에너지로 변합니다. 그것을 $E=mc^2$ 공식으로 계산할 수 있습니다. 이 에너지 중에서 매초 2킬로그램이 지구에 다다릅니다. 인간과 지구상의 모든 식물들이 그것으로 삶을 영위하고 있습니다. 이 2000그램의 에너지로 자동차를 움직이는 기름을 만들 수 있습니다. 석탄과 석유는 정확히 우리가 섭취한 양분과 마찬가지로 저장되어 있던 태양 에너지입니다.

가장 안쪽에 있는 행성인 **수성**이 왜 한 궤도 위를 지나가는지에 대해 아인슈타인이 처음으로 설명할 수 있었습니다. 그것은 알려져 있는 행성 법칙으로는 설명할 수가 없었습니다. 수성은 심하게 기울어져 있는 궤도 위에서 태양 주변을 돕니다. 즉 수성은 종종 태양에서 아주 멀리 떨어져 있지만, 종종은 태양 아주 가까이에 있습니다. 수성이 태양 가까이에 있으면 강한 중력으로 시간이 늘어나기 때문에 그 움직임이 느려집니다.

우주 폭발론도 아인슈타인 없이는 불가능했을 것입니다. 아인슈타인도 처음에는 그 이론에 의심을 품기는 했지만 말입니다. 우리 우주가 생성되었을 때 상상할 수 없는 대폭발이 있었습니다. 그 당시에는 모든 것들이 그 안에 집중되어 있는 하나의 점만이 있었습니다. 대폭발 이전에는 공간도 시간도 존재하지 않았습

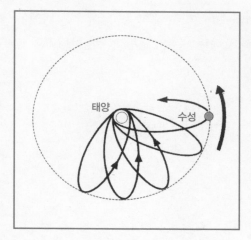

가장 안쪽의 행성인 수성의 회전 궤도는 닫혀 있지 않다. 타원 궤도 위에서 태양에 가장 접근할 때의 위치인, 근일점이 천천히 태양 주변을 돌아다닌다.

니다.

정확히 대폭발의 순간에 일어났던 일과 왜 그 폭발이 일어났던가는 여전히 수수께끼로 남아 있습니다. 짧은 시간 후에, 정확히 말해서 10억분의 1의 10억분의 1의 10억분의 1의 10억분의 1초후에 순전히 에너지로 뭉쳐진, 아주 급속히 확장되는, 믿을 수 없을 정도로 뜨거운 하나의 공으로 우주가 이루어졌습니다. 30만년이 지나서야 비로소 최초의 안정적인 원자들이 형성되었습니다. 그 에너지로부터 물질이 생성되었고 중력이 작용하기 시작했습니다. 중력은 물질들을 모아서 둥근 덩어리를 만들었습니다. 그것들로부터 마침내 별과 은하가 생성되었습니다.

아직도 학자들은 우주가 영원히 팽창할 것인지, 아니면 우주가 다시 한 점이 될 때까지 수축할 만큼 중력이 충분한지에 대해서 의견이 분분합니다. 중력은 바로 우주의 운동을 결정하는 '힘'입니다.

14. 블랙홀의 비밀

이미 200년 전에 우주에 신비로운 천체가 있을 수도 있겠다는 최초의 추측들이 있었습니다. 그 천체는 중력이 너무나 강해서 빛이나 다른 광선들이 빠져나올 수가 없습니다. 그것을 본다는 것은 불가능합니다. 일반 상대성 이론이 출현한 이후로 학자들은 다시 이 문제에 몰두하기 시작했습니다. 오늘날 그들 중 대부분은 '검은 구멍'(black hole)들이 있다는 사실을 확신하고 있습니다. 물론 그것을 직접 관찰할 수는 없었지만 그것들의 존재는 추

론할 수 있습니다.

　지구의 질량과 지구의 회전 궤도와 한 바퀴를 도는 데 지구가 필요한 시간을 알고 있다면 태양의 질량을 계산할 수 있습니다. 태양이 '더 무겁다' 면, 지구는 가운데로 빨려 들어가지 않기 위해서 더 빨리 돌아야만 할 것입니다. 태양이 더 적은 질량을 가지고 있다면 지구의 회전 속도는 더 느리고 회전 궤도가 태양에서 더 멀리 떨어져 있을 것입니다. 블랙홀의 주변과 천체의 행동 반경을 조사해보면 블랙홀의 질량이 정확하게 계산됩니다. 눈에 보이지 않는 하나의 중심점을 매우 빨리 회전하며 나선형의 궤도 위로 말려드는 별들과 기체 덩어리들을 발견하게 된다면 그곳에 블랙홀이 숨어 있다는 것을 짐작해볼 수 있습니다.

　별 하나가 붕괴하면 주변의 중력이 어마하게 커지고 가까이에 있는 공간이 많이 휘게 됩니다. 블랙홀들은 그 주변의 공간과 시간을 완전히 변화시킵니다. 결국 빛도 새어 나올 수 없습니다. 블랙홀이 우주의 나머지 부분과 경계를 이루게 됩니다. 블랙홀과 가장자리에서 만나는 광선들은 회전 궤도 안으로 강제로 빨려 들어가서 블랙홀 주변을 돕니다. 이때 공간과 더불어 시간도 변합니다. 더 가까울수록, 시간은 더 천천히 흐릅니다. 결국에는 한계에 봉착하는데 그것을 시간이 정지해 있는 사상의 지평선이라고 합니다. 물론 상대적이지요.

　한 예가 있습니다. 아담과 베담이라는 두 명의 우주 비행사가 두 개의 로켓을 타고 블랙홀 가까운 곳으로 날아갑니다. 베담은 회전 궤도에서 안전한 거리를 두고 정지해 있습니다. 아담은 사

블랙홀은 어떻게 생성될까?

천체의 중력은 천체의 질량과 그 표면과 중심의 거리에 달려 있습니다. 지구가 구슬 크기로 뭉쳐진다면 그것은 하나의 블랙홀일 것입니다. 그런데 그것에 영향을 끼칠 수 있는 힘은 없습니다. 큰 별일 경우에는 다릅니다. 태양은 중간 정도의 별입니다. 태양이 수십 억년 안에 다 타버리면 폭발해서 백색 왜성으로 오그라들게 됩니다. 별이 태양 질량의 1.4배 이상일 경우에는 중성자별이 됩니다. 그러한 별들 속에 전자들은 더 이상 자유롭지 않고 양자들과 결합되어 있으며 반대 전하에 의해서 중성이 됩니다. 중력은 원자들이 정상적인 크기를 갖도록 해주며 그것을 붕괴시키는 장보다 더 강해집니다. 이때 생성되는 차 숟가락 하나 정도의 물질이 지구상에서는 10억 톤의 무게가 나갈 것입니다. 아주 큰 별들일 경우, 원자핵들은 스스로 파괴되고 전체 덩어리가 아주 많이 압축되어서 작은 구가 생성됩니다.

이것이 얼마나 큰지는 모릅니다. 아마도 모든 것들이 응축되어 있는, 길이와 너비가 없는 미세한 점일 것입니다. 별들은 수축할 때 점점 더 빨리 돕니다. 그래서 블랙홀도 굉장히 빠르게 회전하고 소용돌이처럼 주변의 모든 공간을 빨아들입니다.

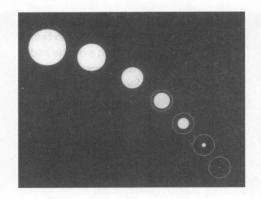

거대한 별이 오그라들어서 사상의 지평선(원)보다 작아 진다.

상의 지평선 가까이에 다가갑니다. 베담은 다른 로켓에서 나오는 빛이 붉은색이 되는 것을 봅니다. 빛의 파동들이 여전히 같은 속 도로 도달해 오지만 길게 뻗습니다. 베담은 아담의 로켓이 점점 느려지고 있는 것도 볼 수 있습니다. 사상의 지평선에서는 로켓 이 정지합니다. 베담이 볼 때 아담의 시간은 정지해 있기 때문에 로켓이 블랙홀 안으로 들어가는 것을 결코 볼 수 없습니다.

　이것은 아담에게는 완전히 다르게 나타납니다. 중력이 점점 세 지면서 그를 갈기갈기 찢어놓으려고 위협하는 것을 느낍니다. 그 는 겁을 먹고 멀어지려고 합니다. 그가 사상의 지평선을 넘어가지 않는다면, 아마도 그는 전력을 다해서 멀어질 수도 있을 것입니 다. 그러나 이제 아무것도 할 수 없습니다. 이때 아담에게 시간의 흐름은 절대로 변하지 않습니다. 그의 시계는 완전히 정상적으로 흘러갑니다. 심지어 그는 사상의 지평선 저 너머로 별빛을 봅니다. 빛은 안으로 들어갈 수 있지만 더 이상 나올 수는 없습니다.

여기서 아담은 블랙홀 가까이에 있는 그의 발이 머리보다 더 무거워지고 길어지는 것을 느낍니다. 결국 아담은 그의 로켓과 함께 우리가 모르는 어떤 곳으로 가게 됩니다.

많은 학자들은 아담이 어쨌든 완전히 다른 어떤 우주로 나왔을 것이라고 추측합니다. 그들은 그가 이른바 '벌레 구멍'(worm hole)을 통해서 다른 현실 세계 안으로 미끄러져 들어가는 것이 가능하다고 여깁니다. 그러나 들어가기 전까지 그는 썩 유쾌하지 않았을 것입니다.

베담은 기다리고 또 기다렸지만 더 이상 아무 일도 없었습니다. 그는 포기하고 집으로 되돌아갑니다. 베담은 아담의 집에 가서 벨을 누릅니다. 한 부인이 문을 열어줍니다. "당신이 죽은 아담의 부인입니까?" 그는 아주 예의바르게 묻습니다. 그러자 부인은 대답합니다. "아닙니다. 나는 살아 있는 아담의 부인입니다." "틀림없습니까?"라고 베담은 되묻습니다.

아담은 정말 살아 있는 걸까요. 아마도 내기를 한다면 베담이 질 것입니다. 아담은 **우리들의** 시간 속에서는 영원히 블랙홀의 사상의 지평선에 꼼짝 않고 있으며 실제로 영원히 그렇게 살 것입니다. **그의** 시간 안에서 일어난 일은 우리에게 어떤 영향도 미치지 않습니다. 이것은 아담이 현실에서는 오래 전에 추락해서 죽었지만 거기에는 존재하고 있다는 식의 어떤 시각적인 속임수가 아닙니다. 우리의 현실 세계 속에서 아담은 우주가 존재하듯이 영원히 혹은 적어도 아주 오래 그 상태 속에 머물러 있을 것입니다. 아담 부인은 절대 과부가 아닙니다.

오늘날 모든 은하의 중심에 하나 혹은 그 이상의 블랙홀이 있다고 추측하고 있습니다. 우리 은하의 가운데에는 적어도 태양 질량의 100만 배나 되는 그런 유령 같은 존재가 있다고 합니다. 아인슈타인은 일반 상대성 이론으로 블랙홀이 있다는 가정을 가능하게 했지만 개인적으로는 그것을 믿지 않았습니다. 그는 다른 물리학자들이 '정신 나간' 이론들을 발표하는 것을 참을 수가 없었습니다.

오늘날의 연구들은 블랙홀이 있다는 것을 확신합니다. 스티븐 호킹(Stephen Hawking)은 블랙홀들이 차츰 해체되고 증발되고 있다고 주장합니다. 블랙홀들은 단지 이를 위해 오랜 시간, 즉 약 1067해(垓)가 필요합니다. 그것은 1에다 67개의 0을 붙인 것이지요. 우리 우주는 기껏해야 140억 년 전에 생성되었습니다. 그렇다고 호킹의 이론을 자세히 이해할 필요는 없습니다. 물리 선생님을 화나게 하고 싶다면 한번 물어보세요.

15. 아인슈타인 랜드

　오늘날의 디즈니랜드처럼 미래에는 아인슈타인 랜드가 있을 수도 있습니다. 아마도 그곳에는 믿을 수 없는 체험들과 사건들이 있을 것입니다.

　입구에는 공간을 휘게 하고 렌즈처럼 광선을 변형시키는 매우 커다란 물체가 있습니다. 모든 방문객들은 가장 가까운 거리를 지나가고 싶어도 이 구부러진 입구를 따라 들어가야만 합니다. '직선 길'로 가고자 하는 것은 헛된 일입니다. 이 곡선이 가장 똑

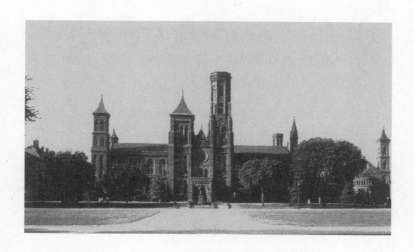

바른 길입니다. 여기서 다시 우리의 언어와 일상의 생각들이 현대 물리학과 관계 있다는 것을 보게 됩니다. 한 직선이 두 점 사이를 연결하는 최단거리라고 한다면 이 직선은 휘어져 있습니다. 혹은 다르게 표현해서 광선은 항상 직선이지만 하나의 휘어진 세계 속에서의 직선들입니다. 한 학생이 갑자기 다음과 같은 시를 짓습니다. "직선은 왜 휘었을까? 직선이 직선으로 되어 있으면 더 이상 직선이 아니다."

우리가 기하학 시간에 배운 것은 이른바 하나의 특수한 경우입니다. 지표면에서 하나의 직선으로 나타나는 선은 지구가 휘어져서 생긴 결과입니다. 그리고 한 삼각형이 충분히 클 경우, 그 삼각형은 각의 합이 180도를 넘습니다.

방문객들이 마침내 문을 지나가게 되면 그들은 다음과 같은 선택의 고통을 겪게 됩니다. 먼저 어디로 가야 하나? '아인슈타인 탑' 또는 반 중력 굴? 아인슈타인 로켓 또는 블랙홀? 광선을 타러 갈까 아니면 '아인슈타인 태양'을 보러 갈까? 방문객들은 우선 '아인슈타인 상자'를 시도해보기로 결정했습니다.

그 앞에는 이미 기다리는 사람들이 있습니다. 마침내 그들은 쿠션을 잘 둘러놓은 밝은 공간 안으로 들어갑니다. 처음에 그들은 바깥을 볼 수 없기 때문에 그들에게 무슨 일이 일어나는지를 모릅니다.

안내원이 나타나서 그들은 무중력 상태가 될 것이며 구토가 날 수도 있으니 약을 준비하라고 설명해줍니다. 승객들은 갑자기 떨어지고 있다는 느낌을 받습니다. 그러나 몇 분 후에 상태가 익숙해지면 공간을 떠돌아다니며 술래잡기 놀이를 하고 물체들을 공중에 놓아둡니다. 한 화면에 그들의 상황을 설명하는 애니메이션이 나타납니다. "신사 숙녀 여러분, 여러분들은 실제로 자유 낙하 상태에 있습니다. 여러분들의 상자는 점점 높은 속도를 내며 지구를 완전히 관통하는 '진공의 굴' 속으로 낙하합니다. 지구 중심점에서는 속력이 시속 약 3만 킬로미터이며 그것은 다시 0이 될 때까지 속도를 줄이게 됩니다. 여러분들이 주변을 둘러볼 수 있도록 이 순간에 우리는 잠깐 멈출 것입니다. 여행 시간은 가는

데 42분, 되돌아오는 데 42분입니다."

갑자기 상자가 정지하더니 모두 다치지 않고 부드러운 쿠션 위에 떨어집니다. 문이 열리고 야자수가 있는 섬이 펼쳐집니다. "남해에 오신 것을 환영합니다!" 라고 안내원이 말합니다. "우리는 전 지구를 지나왔습니다. 모든 것이 지구의 중력 때문입니다. 여러분들은 되돌아갈 때까지 몇 분간 바깥을 산책할 수 있습니다."

여행객들은 다시 상자 안으로 들어와서 이전처럼 무중력 상태를 즐깁니다.

그런데 아직 그들의 모험이 끝난 것은 아닙니다. 그들은 등을 편하게 대고 누우라는 요청을 받습니다. 그들이 부드러운 쿠션 안으로 들어가자 이제 손을 들 수가 없습니다. "여러분들이 지금 저울 위에 올라선다면, 보통 때보다 거의 세 배나 몸무게가 많이 나갈 것입니다." 스피커에서 흘러나오는 소리였습니다. "우리가 지구를 떠날 때 생긴 가속도 때문입니다. 편안하게 누워 계세요. 금방 끝납니다."

한 순간에서 다음 순간으로 가는 동안 방문객들은 다시 자유 낙하 때처럼 무중력 상태가 됩니다. 어두워졌던 창문이 밝아졌습니다. 사람들은 우리의 파란 행성을 내려다봅니다.

"여러분들은 방금 우주의 무중력 상태와 자유 낙하 상태가 어떤 차이도 없다는 것을 경험했습니다. 그것은 아인슈타인의 기본적인 인식 중의 하나로 일반 상대성 이론을 발전시켰습니다. 이제 우리는 상자를 잠깐 동안 초속 10미터의 가속도로 움직이게 해볼 것입니다. 이때 여러분들은 지구에서처럼 정상적인 무게를 느끼게 될 것입니다." 실제로 승객들의 몸무게는 몇 분간 정상적입니다. "여러분들은 무게와 가속도 사이에도 차이가 없다는 것을 보았습니다. 이로써 여러분들은 상대성 이론에 대한 몇 개의 아주 중요한 사실을 배운 것입니다. 편하게 내리시길 바랍니다."

하차 후에 방문객들은 모두 지쳐버렸습니다. 몇 시간 안에 두 번이나 지구를 횡단했거든요. 오늘은 이것으로 충분하다고 결정했습니다. 다음날 방문객들은 블랙홀로 가고 싶었습니다. 그들은 반구 형태의 건물로 들어가서 거대한 홀에 섰습니다. 유리로 이루어진 그 홀의 아래쪽 절반은 지표면에 고정되어 있으며 완전히 비어 있었습니다. 관람객 갤러리에서 맞은편을 바라볼 때만 풍경이 다르게 나타납니다. 구의 가운데에는 광선을 휘게 하는, 눈에

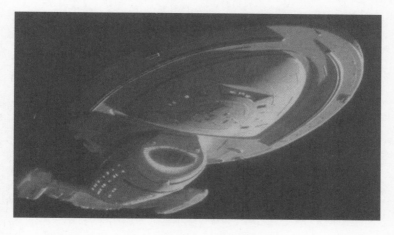

보이지 않는 렌즈가 있는 것처럼 보입니다. 차츰 늘어나는 구경 꾼들로 홀이 메워집니다. 소개가 시작됩니다.

"신사 숙녀 여러분, 어린이 여러분, 특수 유리로 만들어진 이 구 가운데에는 작고 검은 구멍이 있습니다. 그것은 지름이 기껏 해야 한 광자, 즉 약 1.6펨토미터(femtometer)입니다. 1펨토미터 는 1밀리미터의 100만분의 1의 100만분의 1입니다. 하지만 그것 의 질량은 10억 톤입니다. 여러분들은 그것의 중력을 느낄 수 없 습니다. 왜냐하면 기술적으로 차단했기 때문입니다. 바로 옆에서 만 그 중력이 작용합니다."

공간이 어두워지고 광선 하나가 블랙홀을 비추었습니다. 빛이 어두운 적색이 되고 뚜렷한 곡선을 이루며 사라졌습니다. 두 번 째 광선이 뒤따랐습니다. 그것은 약간 비스듬히 블랙홀을 비추었 으며 완전한 원을 그렸습니다. 전등이 꺼진 후에도 원은 계속 빛 이 났습니다.

"여러분들은 지금 사상의 지평선을 비스듬히 지나가는 광선을 보았습니다. 그곳에서 빛은 더 이상 빠져 나올 수 없는 둥근 궤도 를 향해 갔습니다. 우리가 블랙홀을 반 중력 선으로 차단할 경우 에 비로소 그것은 사라집니다. 분명 여러분들은 현대적인 발전소 들이 그러한 작은 구멍들로 이루어져 있다는 것을 알고 있을 것 입니다. 쓰레기나 혹은 다른 물질들이 그 안에 떨어지면, 이 작은 크기의 블랙홀 안에서만 6개의 핵발전소에서 만들어내는 것과 같은 양의 에너지를 만듭니다. 우리의 특수 유리가 여러분들을 광선으로부터 보호해줄 것입니다. 다음으로는 시계 실험을 보여 드리겠습니다."

구 가운데에 커다란 시계가 무거운 줄에 매달려 있습니다. 바늘이 눈에 잘 보입니다. 시계가 중앙에 가까워지자 초바늘이 점점 느려졌습니다. 그러다 갑자기 정지했습니다. 시계는 길게 일 그러지더니 아주 빨리 블랙홀 주변을 회전하기 시작했습니다. 줄이 끊어지고 불빛이 공간을 비추었습니다. 동시에 유리 지붕이 어두워져서 구경꾼들을 눈부시지 않게 했습니다. 중력파들이 존재하는 물체들을 심하게 흔드는 동안 건물 전체가 흔들리고 진동했습니다.

"끔찍해!" 누군가가 중얼거렸습니다. 어마어마한 힘이 대부분의 구경꾼들을 침묵하게 만들었습니다. 그들은 둥근 유리 건물을 떠났을 때도 조용했습니다.

그런데 곧 다시 호기심이 일었습니다. 정확히 아인슈타인 랜드의 한가운데에 그 끝을 전혀 볼 수 없는 탑이 하나 있었습니다. 그것은 높이가 2만 미터입니다. 그곳에 들어가자 모두 시간을 아주 정확히 측정하는 원자시계를 하나씩 받았습니다. 아주 빠른 엘리베이터가 그들을 위로 데려갔습니다. 전망이 정말 멋졌습니다. 한 시간 후에 다시 아래로 내려왔습니다. 그리고 나서 시계들을 비교했습니다. 실제로 원자시계가 탑 아래에서 약간 더 천천히 갔습니다. 설명하자면 10만 년 안에 6.86초의 차이가 납니다. "그렇게 대단한 것은 아니었어"라고 한 방문객이 말합니다. "저 위를 쳐다보면 하늘이 정말 검어서 별들을 볼 수 있었어"라고 다른 방문객이 말합니다.

셋째 날이 절정입니다. 방문객들은 아인슈타인 로켓을 타고 비행을 합니다. 준비하는 데 약간의 시간이 필요합니다. 손님들은 세 개의 로켓 중에서 어떤 것을 탈 것인지 고를 수 있습니다. 손님들이 거대한 가속도를 느끼지 못하도록 모든 객실에는 반 중력장이 작동하고 있습니다.

모든 로켓들은 2160억 킬로미터의 거리를 비행합니다. 여행 시간은 가는 데 1시간, 돌아오는데 1시간입니다.

로켓 1은 광속도의 90퍼센트로 비행합니다. 그것은 비행기 안의 시간을 기준으로 2시간 13.3분 동안 비행을 합니다. 그 사이에 지구에서는 5시간 6분이 흘러갑니다.

로켓 2는 광속도의 99퍼센트의 빠르기로 비행합니다. 시공간에 따르면 2시간 1분 비행을 하게 됩니다. 그러나 지구상에서는 도착까지 14시간 20분이 소요됩니다.

로켓 3은 광속도의 99,9퍼센트로 움직이며 로켓 안에 시간으로 정확히 2시간 비행을 합니다. 그 사이에 지구에서는 겨우 45분이 흐릅니다.

"거의 이틀 치의 휴가가 망가지는군! 나는 로켓 1호를 타겠어!"

한 방문객이 외칩니다. 실제로 몇몇의 사람들만 세 번째 로켓을 탑니다. 기꺼이 조금이라도 미래를 여행해보려는 사람들입니다.

나이가 많은 신사 한 분이 묻습니다. "더 빠른 로켓은 없나요? 나는 다 자란 손자들을 보고 싶어요. 100년 전으로 돌아가면 가장 좋을 것 같아요, 그러면 증손자보다 내가 더 젊겠죠!" 그러나 그것은 이 프로그램에 없습니다.

여기서 아인슈타인 랜드를 떠납시다.

16. 아인슈타인의 한계

 알베르트 아인슈타인은 삶의 마지막 30년을 많은 물리학자들
이 오늘날까지 꿈꾸고 있는 공식들을 발견하는 데 보냈습니다.
자연 속에 모든 힘들을 하나로 만드는 세계 공식. 그것을 발견한
다면 스티븐 호킹이 생각한 것처럼 신의 계획을 탐지할 수 있을
것입니다. 그러나 알베르트에게 더 이상은 불가능했습니다. 그는
점점 더 외톨이가 되었으며 주변과의 접촉을 끊었습니다. 그는
죽기 직전까지 연필과 종이를 병원으로 가져오게 해서 계산을 계

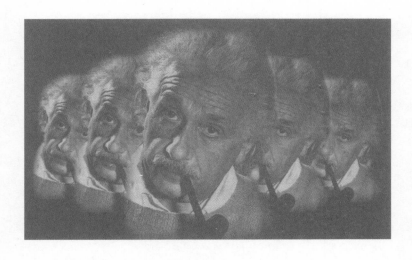

속했습니다.

아인슈타인이 생존해 있던 시대에 물리학은 거대한 진보를 맞이했습니다. 1922년 아인슈타인은 노벨상을 받았습니다. 그것은 당시 논쟁거리였던 상대성 이론 때문이 아니라, 빛이 파동일 뿐만 아니라 작은 에너지 양자, 즉 포톤(photon, 광자)으로 이루어져 있다는 것을 발견한 성과 때문입니다. 모든 에너지는 그러한 아주 작은 '덩어리'로 이루어져 있다는 것이 밝혀졌습니다.

물리학자들에게 몇 개의 광자를 가지고 실험한다는 것은 어이없는 일이었습니다. 유명한 물리학자인 닐스 보어(Niels Bohr)는 다음과 같이 표현했습니다. "양자 이론을 처음 마주했을 때 충격을 받지 않은 사람은 그 이론을 이해한 것이 아닙니다." 실험을 통해서 보면 동일한 곳에서 방출된 광자들은 서로를 '알고 있다'는 것이 드러납니다. 한 광자의 진동면이 돌아가면 다른 광자도 동시에 돌아갑니다. 이론적으로 보면 우주 전체가 광자들 사이에 놓여 있기는 하지만 초광속 때문에 광자들은 신호를 교환할 수 없습니다. 그런데 한 광자가 다른 광자의 상태를 어떻게 알고 있는 걸까요? 오늘날까지 이것을 이해할 수 있는 사람은 아무도 없습니다.

이 실험들은 우리의 생각을 완전히 뒤집어놓습니다. 모든 것을 놀랍게도 계산할 수 있고 게다가 기술적으로 이용할 수 있습니다. 양자 물리학이 없었더라면 레이저도 홀로그램도 컴퓨터도 없었을 것입니다. 몸의 내부를 통과할 수 있는 핵스핀 단층 촬영과 같은 의학 기계도 이 연구들 덕분입니다. 모든 마이크로 전자 공학은 트랜지스터를 기초로 하고 있습니다. 이것도 또한 양자 역학의 결과입니다. 양자 역학은 우리들의 관례적인 논리와 전혀 일치하지 않습니다. 예를 들면 여기서는 더 이상 '옳다', '그르다' 가 아니라, 확률들만 있을 뿐입니다.

언제 개개의 방사성 원자가 붕괴하는지를 누구도 계산할 수 없습니다. 원인과 작용에 대한 지금까지의 법칙이 일부 영역에서는 쓸모없게 되었습니다. 오늘날 많은 물리학자들이 우리의 현실 세계와 다른 수없이 많은 현실들이 존재할 수 있다고 진지하게 주장하고 있습니다. 우리는 관찰을 통해서 수많은 현실 중 하나를 정합니다. 학문의 도구라는 것이 엄밀한 관찰을 하기에는 충분하지 않습니다. 관찰자와 현실은 분리할 수 없으며 서로 연관되어 있습니다. 우리가 우리 자신의 생각을 관찰하려면 그 생각 안으로 들어가야 합니다.

아인슈타인은 스스로 관측자가 되어서 물리학 속으로 들어갔습니다. 그러나 아인슈타인은 이 관측자가 현실을 확인할 뿐만 아니라 창조하기도 한다는 것을 인정하려고 하지 않았습니다. 학문의 진보는 그것을 진척시켰던 아인슈타인을 극복했습니다. 그렇지만 20세기의 어느 누구도 학자로서 아인슈타인의 위대함에 근접하는 사람은 없습니다. 어떤 새로운 아인슈타인이 다시 나타나서 우리의 세계관을 바꾸어놓을지 모릅니다. 아인슈타인의 이론들은 수천 번 검증되었습니다. 그리고 그것을 반박하려는 모든 시도들은 실패했습니다. 상대성 이론은 그것을 반박하려고 하는 시도들에 의해서 오히려 멋지게 증명되었습니다.

원자의 세계에서는 우연과 애매모호함이 지배적입니다. 이것을 변혁시키는 일이 아인슈타인에게는 너무 힘든 일이었습니다. 그는 항상 세계 속에서 질서와 조화를 보려고 노력했습니다.

신도 양자 물리학을 이해할 수 없었습니다. 신이 아니더라도 물론 그 누구도 이해할 수 없었습니다. 학문이 다시 한 번 인간

해변을 산책하던 길에 아인슈타인은 기묘한 연기가 들어 있는 병 하나를 발견했습니다. 그것을 열자 거기서 "드디어 해방이다!"라고 환호성을 치며 유령이 나왔습니다. 그러고 나서 이렇게 말했습니다. "당신이 내게 자유를 주었으니 당신의 소원을 들어주겠습니다." 아인슈타인은 오래 고민하지 않고 말했습니다. "당신이 전 세계에 평화를 가져다주었으면 합니다." "어떻게 그것을 이룰 수 있을까요?"라며 유령은 말을 이었습니다. "세르비아인과 알바니아인, 인도인과 파키스탄인, 아랍인과 이스라엘 사람…… 그들을 어떻게 화해시킬까? 그리고 아프리카와 다른 나라들을 모두 생각해본다면…… 제발 다른 소원을 말해 주세요!" 아인슈타인은 말했습니다. "좋아요, 그러면 양자 물리학을 설명해주세요!"
유령은 오랫동안 곰곰이 생각하더니 말했습니다. "세계 평화가 어떻다고 했었죠?"

사고의 발달보다 더 빨랐습니다. 인간의 의식이 충분해지려면 아마도 500년은 걸릴 것입니다. 그리고 그 사이 분명 또 다시 누구도 사고할 수 없었던 새로운 인식들이 생겨날 것입니다.

17. 아인슈타인과 우리의 일상

  상대성 이론의 가장 중대한 결과는 확실히 핵무기의 발전입니다. 무기 생산 시설과 핵발전소에서 핵에너지를 이용하는 일이 인류에게 재앙일까 혹은 복일까 하는 것은 여기서 토론할 수 없습니다. $E = mc^2$ 공식이 없었더라면 핵에너지를 이용하는 일은 불가능했을 것입니다.

  아인슈타인의 상대성 이론이 없었더라면 GPS(Global Positioning System, 전지구 위치 파악 시스템)라는 것도 없었을 것입니다. 2만 킬로미터 높이에 쉬지 않고 신호를 보내는 24

개의 인공위성들이 지구 주위를 회전하고 있습니다. 그 위성들은 원자시계를 장착하고 있으며 균등하게 분포되어 있어서 지구상의 모든 지점에서 적어도 그것들 중에서 네 개와는 늘 관계를 유지할 수 있습니다. 컴퓨터 한 대가 무선 전신 부호를 통해서 비행기의 현재 위치와 목표 지점에 가장 잘 이를 수 있는 지침을 정확히 산출해낼 수 있습니다.

그것은 지구 주변을 돌고 있는 아주 정확한 시계입니다. 높은 곳에서는 더 작은 중력으로 인해 시간이 땅에서보다 매일 40만분의 1초 더 빨리 흐릅니다. 반면에 속력이 더 클 경우에는 매일 500만분의 1초 정도 시간이 느리게 갑니다. 이것이 아인슈타인의 법칙에 따라서 지속적으로 수정되지 않을 경우에는 지구상에서 매일 10킬로미터(즉 한 주에 70킬로미터)의 측정 오류가 발생할 것입니다.

우주를 비행할 때도 상대성 이론의 도움으로 정확한 위치를 알 수 있습니다.

18. 아인슈타인의 성과

　아인슈타인은 많은 비판을 받았습니다. 처음에는 몇몇만이 그를 믿었습니다. 1931년 100명의 학자들이 상대성 이론은 사기라는 선언에 사인을 했습니다. 이상하게도 나치, 공산주의자들, 교회들이 이 점에 대해서 의견을 같이 했습니다. 아인슈타인이 옳아서는 안 된다는 것이었습니다. 오늘날에도 여전히 아인슈타인에 반하는 목소리들이 있긴 합니다. 시간이 지나면서 그런 목소리들이 점점 적어지기는 했습니다. 미국의 일부 주에서는 다윈의 진화론이나 대폭발론과 같은 현대적인 자연과학 이론들을 학교에서 가르칠 수가 없습니다. 그들은 이러한 이론들이 아이들을 진정한 믿음으로부터 떼어놓는다고 주장하고 있습니다.

　새로운 생각과 인식이 관철되는 것은 어려운 일입니다. 그것은 늘 그래왔습니다.

　다음과 같은 것들은 그렇게 간단한 문제들이 아니었지요.
　● 공간과 시간은 분리되는 것이 아니라 함께 하나의 시공간을 형성한다.

- 질량은 공간과 시간을 바꾼다.
- 시간과 공간은 상대적이며 상대적인 속도와 관련 있다.
- 물질과 에너지는 동일하다.
- 여러 다른 장소에서 어떤 것도 동시에 일어나지 않는다.
- 어떤 물체도 어떤 신호도 빛보다 빠를 수는 없다.
- 자연 속에는 직선이라는 것이 없다.

이 모든 것은 우리들 사고에 있어서 충분히 어려운 것들입니다. 여기에 양자 물리학의 실험 결과들까지 더하면 설상가상입니다. 자연(自然)이 우리의 생각대로 움직이는 것이 아니라, 우리가 그것을 검증해보고 배워야만 한다는 것을 통찰하는 수밖에 없습니다. 고충이 따르는 일이지만 그럴 만한 가치가 있을 것입니다.

아마도 아인슈타인을 이해하는 데 있어 공간과 시간이 나눌 수 없는 것이라는 것을 이해하는 일이 가장 어려울 것 같습니다. 아인슈타인은 시공간에 대해서만 얘기합니다. 시간과 공간은 별도로 존재할 수가 없습니다. 우리가 다르게 표현하는 데 익숙해진다면 도움이 될 것 같습니다. 즉 우리는 다음과 같이 말할 수 있을 것입니다.

"유감스럽게도 나는 오늘 저녁에 방문할 시공간이 없어!"

"도대체 너는 그 시공간에 무엇을 하니?"

"휴가 때가 되어야 나는 시공간이 있어!"

아인슈타인이 두 번째로 즐겨하는 일, 바이올린 연주.

"이 방은 멋진 시공간이야!"

"나는 시공간이 더 필요해!"

"시간들이 흘러가듯, 시공간도 흐른다!"

"시공간이 지나면 자연히 해결된다."

이렇게 말하는 사람은 그의 시공간을 분명 훨씬 앞서 있는 것
이지요.

자, 앞으로 이렇게 표현하는 것이 어때요?

Einstein verstehen lernen

Ph 001 ?

학자가 그것도 물리학자가 전 세계적으로 유명해지는 경우는 흔치 않는 일입니다.
20세기의 가장 유명한 물리학자는 누구일까요?

Einstein verstehen lernen

Ph 001 !

알베르트 아인슈타인입니다. 그는 20세기의 가장 위대한 천재로 인정받고 있습니다.

Einstein verstehen lernen

Ph 002 ?

아인슈타인은 1879년 3월 14일 독일 울름에서 태어났습니다. 아버지는 전자 제품상을 했는데 경제적으로 성공을 거두지는 못했습니다. 부모들은 처음에는 뮌헨에서, 나중에는 밀라노로 옮겨서 재기를 시도했습니다. 그러나 알베르트 아인슈타인은 뮌헨의 학교 기숙사에 남았습니다.
그 당시 학교나 기숙사의 생활을 추측할 수 있습니까?

Einstein verstehen lernen

Ph 002 !

교육은 군대식으로 엄격했지요. 더군다나 어린 알베르트는 선생들과 친구들로부터 따돌림을 당했습니다. 왜냐하면 그는 순수한 천주교 신자들 가운데 유일한 유태인이었기 때문입니다.

Einstein verstehen lernen

Ph 003 ?

알베르트 아인슈타인은 15세에 학교를 중단하고 밀라노로 이주합니다. 1년간 무엇을 해야 할지 몰라서 방황했습니다. 그는 스위스에서 마음에 드는 학교를 발견하게 됩니다.
그는 대학입학 자격시험을 치르고 대학교에서 학업을 시작했습니다. 무엇을 공부했을까요?

Einstein verstehen lernen

Ph 003 !

그는 장래에 물리 교사가 되기 위해 공부했습니다. 그곳에서 그는 지도 교수와 문제가 많았습니다. 왜냐하면 교수가 요구하는 것과 상반되는 행위를 종종 저질렀기 때문입니다. 그는 고집쟁이로 여겨졌습니다. 대학 생활에서 그는 자유를 만끽했습니다.

Einstein verstehen lernen

Ph 004 ?

아인슈타인은 대학 졸업 후 보조 교사로 생계를 유지했습니다. 그런데 어느 날 고용주가 그를 해고했습니다. 그가 다음과 같이 말했습니다. "가정 교사를 고용하려는 것이지, 소크라테스를 고용하려는 것은 아니요." 결국 아인슈타인은 확실한 직업을 찾았습니다. 그것은 어떤 일이었을까요?

Einstein verstehen lernen

Ph 004 !

그는 '3급 기술 전문가'로 스위스 베른의 특허청에서 일했습니다. 그곳에서 그는 발명품들을 검사했는데 그는 그런 일들을 즐겼습니다.

Einstein verstehen lernen

Ph 005 ?

아인슈타인은 1905년에 여러 가지 주제의 논문을 발표했는데, 그 중에 하나가 빛의 속성에 대한 것이 었습니다. 그 논문으로 그는 1921년 노벨상을 받았 습니다.
그 논문의 내용은 어떤 것이었을까요?

Einstein verstehen lernen

Ph 005 !

아인슈타인은 빛이 입자(광자)로 구성되어 있다는 것을 밝혀냈습니다. 이것은 빛이 파장이라고 주장하 던 그 당시의 지배적인 생각에 반하는 것이었습니 다. 오늘날에는 이것을 '빛의 이중 속성'이라고 일 컫는데, 즉 빛은 입자이면서 동시에 파장이라는 것 입니다.

Einstein verstehen lernen

Ph 006 ?

또 다른 논문 하나가 후세에 아인슈타인을 더욱 유 명하게 만들었다고 합니다. 그 논문의 제목은 '동체 전기 역학'인데 분량이 얼마 되지 않습니다.
이 논문에 소개된 이론은 후에 뭐라고 불렀을까요?

Einstein verstehen lernen

Ph 006 !

이 이론은 후에 '특수 상대성 이론'이라는 이름으로 유명해졌습니다. 그 이후에 아인슈타인은 '일반 상 대성 이론'을 발표했습니다. 두 가지 이론은 우리들 의 세계관을 완전히 뒤집어놓았습니다.

Einstein verstehen lernen

Ph 007 ?

아인슈타인은 훌륭한 발견을 했음에도 불구하고 4 년 동안이나 평범한 공무원에 머물러 있습니다.
그 이유는 무엇일까요?

Einstein verstehen lernen

Ph 007 !

아인슈타인의 이론은 너무나 혁신적이고 비범한 것 이어서, 처음에는 몇 명의 학자들만 이 혁신적인 이 론을 알아보았습니다. 게다가 아무리 천재라도 형식 주의적인 제약들(박사 논문, 교수 자격 시험 등)에 복종해야만 했습니다.

Einstein verstehen lernen

Ph 008 ?

왜 오늘날에도 여전히 아인슈타인을 이해할 수 있 는 사람은 아무도 없을 것이라고 말할까요?

Einstein verstehen lernen

Ph 008 !

아인슈타인의 이론들은 본질적으로는 명확합니다. 문제는 우리가 우리의 사고를 완전히 바꾸어야만 한다는 것입니다. 즉 아인슈타인에 따르면 고정된 공간도 시간도 존재하지 않으며, 동시성도 특정한 거리도 존재하지 않으며, 중력도 물질과 에너지 사 이의 차이점도 존재하지 않습니다.